Berichte des Deutschen Ausschusses für Stahlbau

Herausgegeben vom Deutschen Stahlbau-Verband, Köln a. Rh.

Heft 17

Versuche über die Widerstandsfähigkeit von geschweißten Querträgeranschlüssen bei oftmals wiederholter Biegebelastung

Von

Otto Graf

Mit 29 Abbildungen

Versuche mit Ellira-Schweißungen

Von

F. Munzinger

Mit 30 Abbildungen

Springer-Verlag Berlin Heidelberg GmbH 1952

Inhaltsverzeichnis.

	Seite
Versuche über die Widerstandsfähigkeit von geschweißten Querträgeranschlüssen bei oftmals wiederholter Biegebelastung Von O. Graf...	1
Versuche mit Ellira-Schweißungen. Von F. Munzinger	20

Additional material to this book can be downloaded from http://extras.springer.com

ISBN 978-3-540-01612-0   ISBN 978-3-662-26772-1 (eBook)
DOI 10.1007/978-3-662-26772-1

Alle Rechte, insbesondere das der Übersetzung in fremde Sprachen, vorbehalten
Copyright 1952 by Springer-Verlag Berlin Heidelberg
Ursprünglich erschienen bei Springer-Verlag OHG., Berlin/Göttingen/Heidelberg 1952

Versuche über die Widerstandsfähigkeit von geschweißten Querträgeranschlüssen bei oftmals wiederholter Biegebelastung.

Von **Otto Graf**.

Einleitung.

Am 5. Juli 1935 hat der Deutsche Ausschuß für Stahlbau beschlossen, die Dauerbiegefestigkeit von biegungssteifen Anschlüssen, wie sie an den Verbindungsstellen von Längs- und Querträgern in Brücken vorkommen, zu verfolgen. Zur Durchführung der Versuche wurde ein Unterausschuß berufen, dem die Herren Oberingenieur Kade, Professor Dr.-Ing. Klöppel, Ministerialdirigent Professor Dr.-Ing. Schaechterle (Obmann) und der Berichter angehörten.

Die Mittel zur Einleitung der Versuche sind vom Deutschen Ausschuß für Stahlbau am 25. Februar 1936 bereitgestellt worden. Die Versuche wurden zeitlich in zwei Gruppen ausgeführt. Die erste Gruppe ist vom Unterausschuß am 23. April 1936 besprochen und festgelegt worden. Über die Ergebnisse der Versuche der ersten Gruppe wurde in der Sitzung des Deutschen Ausschusses für Stahlbau am 10. Dezember 1937 berichtet[1], [2]. Darauf sind die Versuche der zweiten Gruppe in Angriff genommen worden.

1. Versuche mit den Körpern nach Abb. 1 bis 6.

Die Versuchskörper nach Abb. 1 bis 6 enthielten im Mittelteil als Hauptträger einen Trägerabschnitt I 60 mit 300 mm Länge. An diesem Hauptträger sind 2 Nebenträger, bestehend aus Trägerabschnitten I 30, durch Schweißen befestigt worden; die Länge der Nebenträger war bei Vorversuchen 1000 mm, später bei den Hauptversuchen 700 mm und 400 mm. Die Herstellung der Trägeranschlüsse ist in Zusammenstellung 1 (s. S. 12) beschrieben. Im einzelnen sei folgendes hervorgehoben:

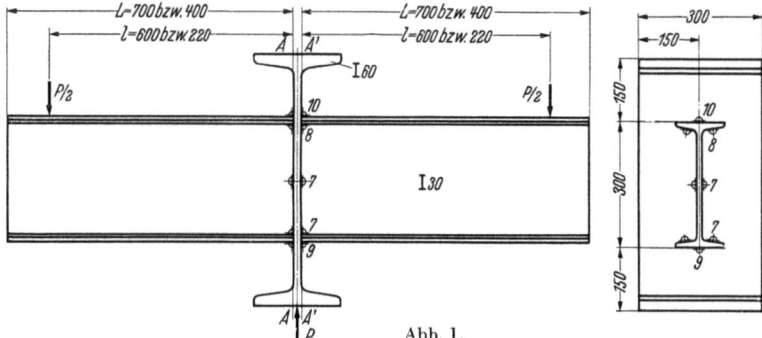

Abb. 1.

Versuchskörper nach Abb. 1. Der Anschluß erfolgte durch Kehlnähte mit den in Abb. 1 angegebenen Dicken. In der Regel wurden zuerst die äußeren Kehlnähte an den Flanschen der Nebenträger gelegt, später die zugehörigen inneren Kehlnähte und schließlich die Kehlnähte am Steg der Nebenträger.

---

[1] Vgl. auch Klöppel, Stahlbaukalender 1939, S. 444 und 445; 1940, S. 416 und 417; ferner Graf, Bauingenieur, Bd. 19 (1938), S. 530.

[2] An der zugehörigen Erörterung beteiligte sich Herr Dr.-Ing. Dörnen, der dabei Anregungen für die Versuche der zweiten Gruppe gab.

Versuchskörper nach Abb. 2. Die Nebenträger sind mit ihren Flanschen durch Stumpfnähte an den Steg des Hauptträgers angeschlossen worden. Die Stege der Nebenträger hatten keine Verbindung mit dem Hauptträger.

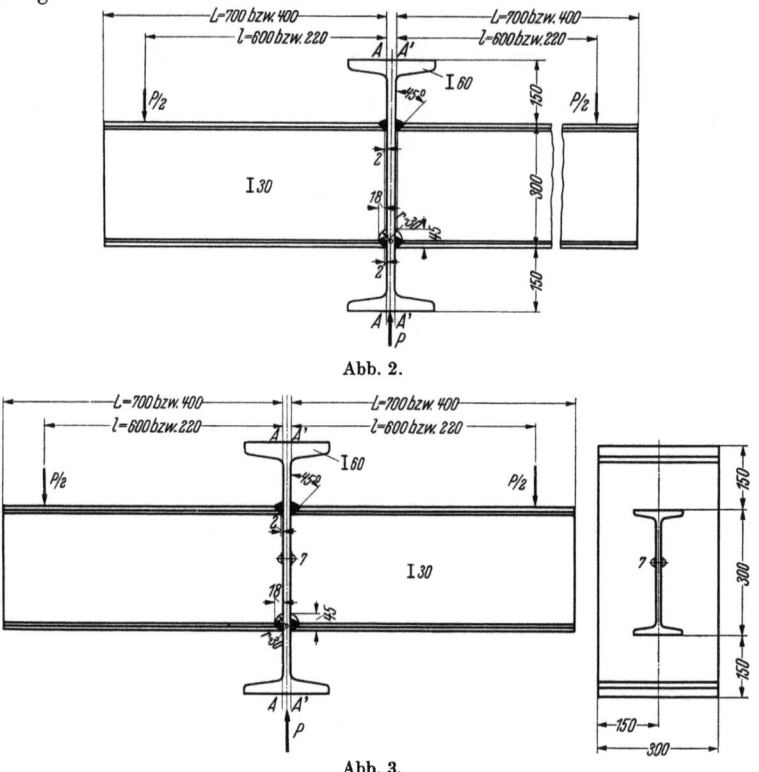

Abb. 2.

Abb. 3.

Versuchskörper nach Abb. 3. Hier sind die Flanschen der Nebenträger wie im Fall der Abb. 2 durch Stumpfnähte mit dem Steg des Hauptträgers verbunden worden. Außerdem wurden die Stege der Nebenträger mit Kehlnähten an den Steg des Hauptträgers angeschlossen.

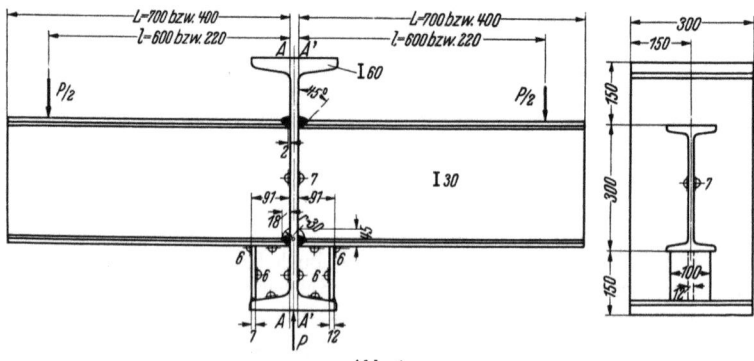

Abb. 4.

Versuchskörper nach Abb. 4. Die Schweißverbindungen waren die gleichen wie bei dem Versuchskörper nach Abb. 3. Außerdem wurden die Nebenträger mit einem geschweißten Stuhl unterstützt.

Versuchskörper nach Abb. 5. Die oberen Flanschen der Nebenträger waren durch eine 21 mm dicke und 100 mm breite Lasche verbunden, die mit Kehlnähten auf der oberen Fläche der Flanschen der Nebenträger befestigt war. Im übrigen erfolgte die Verbindung der Nebenträger mit dem Hauptträger durch Kehlnähte an der unteren Fläche der unteren Flanschen und an den Stegen.

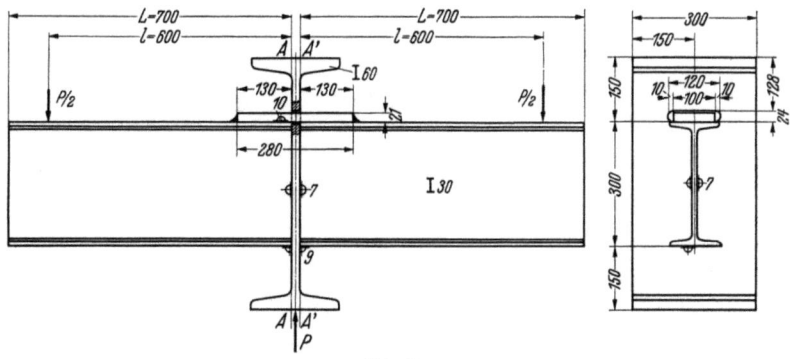

Abb. 5.

Versuchskörper nach Abb. 6. Die oberen Flanschen der Nebenträger sind wie bei den Versuchskörpern nach Abb. 3 und 4 durch Stumpfnähte mit dem Steg des Hauptträgers verbunden worden. Im übrigen wurden Kehlnähte an der unteren und oberen Fläche des unteren Flansches sowie zu beiden Seiten des Stegs angebracht.

Die Hauptträger I 60 und die Nebenträger I 30 waren nach Angabe aus St 37. Die Prüfung des Stahls aus den Trägern lieferte die in Zusammenstellung 2 (S. 15) enthaltenen Werte.

Die Schweißdrähte waren von der Marke „GHH-Pan". Die angewandten Stromstärken sind in Spalte 5 der Zusammenstellung 1 oben angegeben.

Die Belastung der Versuchskörper geschah nach Abb. 1 bis 6; der Hauptträger lag an einer Druckplatte der Prüfmaschine, an den Nebenträgern wirkten die beiden Lasten $\frac{P}{2}$. Dabei waren die Versuchskörper so gelegt, daß die Belastung am Hauptträger von oben wirkte.

Zunächst sind drei Vorversuche ausgeführt worden; dazu gibt Zusammenstellung 3 (S. 15) Auskunft. Der Abstand der Lasten vom Steg des Hauptträgers war

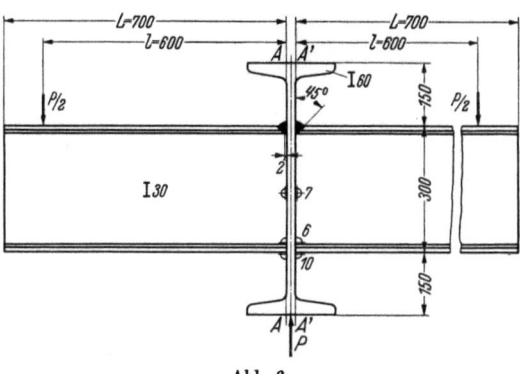

Abb. 6.

dabei $l = 900$ mm. Bei den Hauptversuchen wurde der Abstand kleiner gewählt, nämlich für den Hauptteil der Versuche zu $l = 600$ mm, für den anderen Teil zu $l = 220$ mm. Die kleineren Längen l sind gewählt worden, um eine möglichst große Querkraft zur Wirkung zu bringen und um damit die Scherbeanspruchung der Stegnaht zu erhöhen.

Die Belastung wurde zwischen P_u und P_o derart gewechselt, daß sich die Lastspiele in einer Minute 210 mal wiederholten. Die Anstrengung, welche durch P_u entstand, betrug im Querschnitt $A{-}A$ bzw. $A'{-}A'$ 1 kg/mm². Sie war also möglichst klein gewählt.

Gesucht wurde die Belastung P_o, welche mindestens 1 Million mal ertragen wurde, ohne daß eine Zerstörung eintrat.

Die Versuchsergebnisse sind in den Zusammenstellungen 4 und 5 (S. 16 u. 17) wiedergegeben. Im einzelnen sei hierzu folgendes bemerkt:

Versuchskörper der Reihe 1 nach Abb. 1 (mit Kehlnähten). Die Biegeanstrengung σ_{bo}, die 1 Million mal ertragen wurde, ohne daß ein Bruch eintrat, ist nach den Angaben in Spalte 6 und 15 der Zusammenstellung 4 (Körper mit $l = 600$ mm) zu 11 kg/mm² anzunehmen; die Schwingweite zwischen σ_u und σ_o betrug hiernach 10 kg/mm² [1]. Mit $l = 220$ mm war die Widerstandsfähigkeit etwas größer als mit $l = 600$ mm (vgl. Zusammenstellung 4, Spalten 6, 15, 20 und 29).

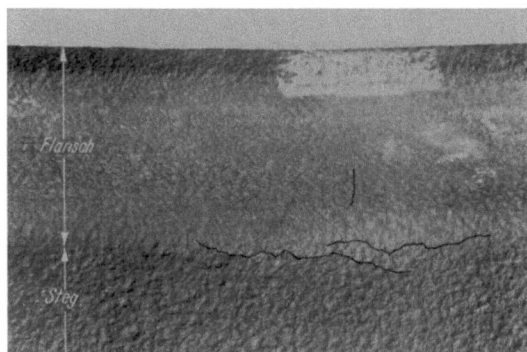

Abb. 8. Versuchskörper R 1 A.2 nach Abb. 1 ($l = 220$ mm); Längsrisse im Übergang vom Flansch zum Steg und Querriß im Flansch an einer Laststelle.

←
Abb. 7. Versuchskörper R 1 A.2 nach Abb. 1 ($l = 220$ mm); Zustand nach dem Versuch.

Der Bruch der Versuchskörper erfolgte in der Kehlnaht des Zugflansches oder im Übergang von der Kehlnaht zum Zugflansch, wie zu erwarten war [2].

Abb. 7 zeigt den Bruchriß des Versuchskörpers R 1 A.2 ($l = 220$ mm, vgl. Abb. 1) im Zustand nach dem Versuch. In diesem Körper entstanden außerdem Risse bei den Laststellen infolge der örtlichen Belastung (vgl. Abb. 8). Die Belastung, die hier wirkte, betrug $\dfrac{P}{2} = 41{,}5$ t. Die Flächenpressung betrug im Mittel 8,3 kg/mm².

Versuchskörper der Reihe 2 nach Abb. 2 (mit Stumpfnähten an den Flanschen der Nebenträger, Steg nicht angeschlossen). Die Biegeanstrengung σ_{bo}, die 1 Million mal ertragen wurde, ohne daß ein Bruch eintrat, fand sich wieder zu 11 kg/mm²; die Schwingweite war also $\sigma_{bo} - \sigma_{bu} = 10$ kg/mm². Die Scherspannung im Querschnitt A—A bzw. A'—A' betrug dabei 3 und 8 kg/mm². Die resultierende Spannung $\sigma_{res\,o}$ fand sich zu 11,3 kg/mm². Hier ist die Tragfähigkeit bei $l = 220$ mm etwas kleiner ausgefallen als mit $l = 600$ mm.

Der Bruch des Körpers R 2.2 erfolgte in der Stumpfnaht und im Übergang der Stumpfnaht zum Zugflansch der Nebenträger. In den Körpern R 2.1, R 2.2 und R 2.3 entstanden zuerst in der Stumpf-

---

[1] Hier und bei den weiteren Angaben in den Spalten 6, 9, 20 und 23 ist das Widerstandsmoment der Nebenträger in die Rechnung eingeführt worden. Bei den Körpern nach Abb. 2 sind außerdem in Klammern die Rechnungswerte genannt, die sich ergeben, wenn der Anschluß des Stegs fehlt.

[2] Die Scherspannung τ_{so} war hier und bei den weiteren Versuchen nach dem Bruchverlauf nicht maßgebend. Die in Spalte 7 und 21 angegebenen Werte sind vergleichende Rechnungswerte derart, daß als Scherfläche der Querschnitt des Nebenträgers I 30 eingesetzt ist. Im Falle der Körper nach Abb. 2 ist als Scherfläche nur der Querschnitt der Flanschen eingesetzt, weil der Steg nicht angeschlossen war.

naht des Druckflansches Risse; diese sind für den Körper R 2.3 in Abb. 9 und 10 erkennbar. Offenbar haben hier die Eigenspannungen, die beim Schweißen entstanden sind, zusammen mit den Kerben in und an der rohen Stumpfnaht zu erheblichen, oftmals wiederkehrenden Zugbeanspruchungen in der Druckzone des Versuchskörpers geführt[1]. In oder bei der Stumpfnaht am Zugflansch des Körpers R 2.3 waren bis zum Schluß des Versuchs keine Risse beobachtet worden.

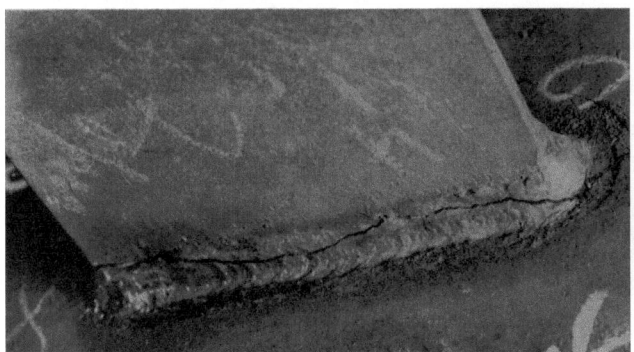

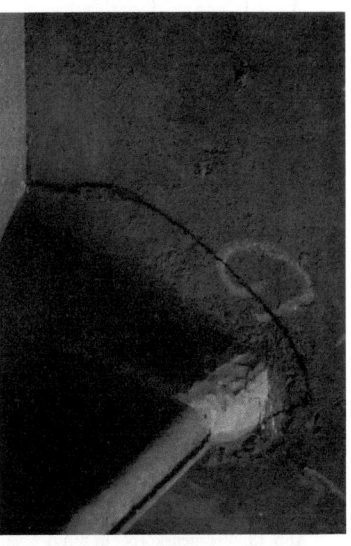

Abb. 9. Versuchskörper R 2.3 nach Abb. 2 ($l = 600$ mm); Riß in der Stumpfnaht der Druckzone; Zustand nach 1 214 500 Lastspielen.

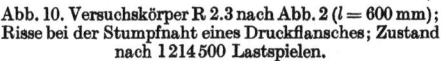

Abb. 10. Versuchskörper R 2.3 nach Abb. 2 ($l = 600$ mm); Risse bei der Stumpfnaht eines Druckflansches; Zustand nach 1 214 500 Lastspielen.

Abb. 11 zeigt die Bruchstelle des Körpers R 2 A.4 (mit $l = 220$ mm, vgl. Abb. 2). Vor dem Bruch erschien der in Abb. 12 dargestellte Riß im Steg des Hauptträgers bei der Stumpfnaht des Druckflansches.

Abb. 13 kennzeichnet den Zustand der Stumpfnähte am Zugflansch im Einlieferungszustand für alle Versuchskörper nach Abb. 2 bis 6.

Versuchskörper der Reihe 3 nach Abb. 3 (mit Stumpfnähten an den Flanschen und mit Kehlnähten am Steg). Die rechnerische Zuganstrengung σ_{bo}, die 1 Million mal ertragen wurde, ohne daß ein Bruch eintrat, fand sich bei den Versuchskörpern nach Abb. 3 zu nahezu 14 kg/mm² (Schwingweite 13 kg/mm²); sie war also größer als die auf gleiche Weise gerechnete Zahl zu den Körpern der Reihe 2. Der Unter-

Abb. 11. Bruchstelle des Versuchskörpers R 2 A.4 nach Abb. 2 ($l = 220$ mm) beim Übergang eines Zugflansches zur Stumpfnaht. Der Bruch begann wahrscheinlich an Meißelhieben und schritt dann entlang der Einbrandkerbe der Außenfläche des Zugflansches.

schied ist zunächst auf den Anschluß des Stegs im Falle der Reihe 3 zurückzuführen. Außerdem war zu beachten, daß die Stumpfnähte der Körper der Reihen 1 und 2 rauhe Übergänge hatten; um diesen Einfluß noch näher zu erkennen, ist bei dem Versuchskörper R 3.4 der Übergang der Stumpf-

---

[1] Vgl. Graf, Stahlbau 1934, S. 9 u. f.; ferner Heft 14 der Berichte des Deutschen Ausschusses für Stahlbau, 1942, S. 13 u. f.

naht in den Zugflansch mit einer Fräserfeile bearbeitet worden, so wie dies früher beschrieben worden ist (vgl. insbesondere die Hefte 8 und 14 der Berichte des Deutschen Ausschusses für Stahlbau). Die Zahl der Lastspiele, welche von dem bearbeiteten Körper R 3.4 ertragen wurden, war unter sonst gleichen Umständen etwas größer als bei den Körpern mit nicht bearbeiteten Stumpfnähten. Es ist anzunehmen, daß die Anstrengung, welche 1 Million mal ertragen werden kann, ohne daß ein Bruch eintritt, bei den im Übergang der Schweißnaht bearbeiteten Verbindungen zwischen 14 und 15 kg/mm² betragen würde. Die Tragfähigkeit erschien sodann nicht ausgeprägt verschieden, wenn l von 600 mm auf 220 mm verkürzt wurde (vgl. Zusammenstellung 4, Spalten 6, 15, 20 und 29).

Abb. 12. Versuchskörper R 2 A.4 nach Abb. 2 ($l = 220$ mm). Riß im Hauptträger bei der Stumpfnaht eines Druckflansches.

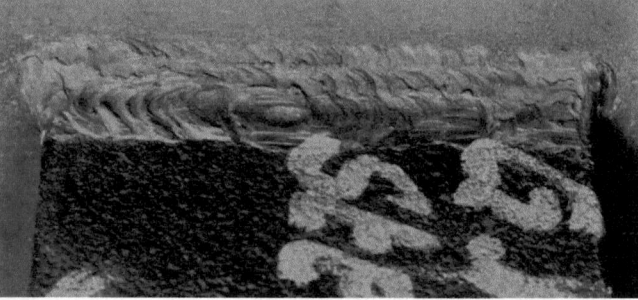

Abb. 13. Versuchskörper R 2 A.5 nach Abb. 2 ($l = 220$ mm). Stumpfnaht am Zugflansch. An den Übergängen der Naht sind Meißelhiebe erkennbar.

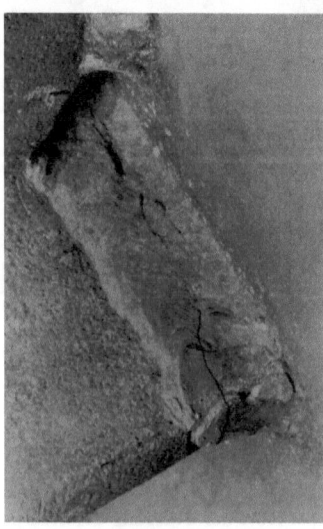

Abb. 14. Versuchskörper R 3 A.2 nach Abb. 3 ($l = 220$ mm); Riß in der Stumpfnaht zu einem Druckflansch am Schluß des Dauerbiegeversuchs.

Abb. 15. Versuchskörper R 3 A.1 nach Abb. 3 ($l = 220$ mm) im Zustand nach dem Versuch.

Die Zerstörung der Versuchskörper nach Abb. 3 begann in der Stumpfnaht eines Druckflansches; dort bildeten sich die ersten Risse (vgl. Abb. 14, sowie Zusammenstellung 4, Spalten 13, 14, 27 und 28). Der Bruch erfolgte in allen Fällen in oder bei der Stumpfnaht eines Zugflansches gemäß Abb. 15. Der Anfang der Bruchrisse wurde an Kerben nach Art der Abb. 16 beobachtet.

Versuchskörper der Reihe 4 nach Abb. 4 (mit Stumpfnähten an den Flanschen und mit Kehlnähten am Steg wie bei Abb. 3, dazu noch ein Stuhl). Die Zuganstrengung σ_{bo}, die 1 Million mal ertragen wurde, ohne daß ein Bruch eintrat, betrug 14 kg/mm²; sie war somit etwas größer geworden als bei den Versuchskörpern nach Abb. 3. Das Mehr entstand durch die Einfügung des Stuhls zwischen den Druckflanschen der Nebenträger und dem benachbarten Flansch des Hauptträgers.

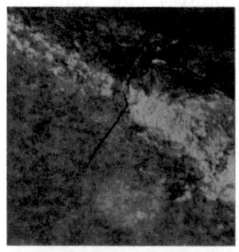

a)

Abb. 17. Versuchskörper R 4 A.6 nach Abb. 4 ($l = 220$ mm); Zustand nach dem Versuch.

b)

Abb. 16 a, b. Anfang eines Risses am Versuchskörper R 3.3 nach Abb. 3.

Die Zerstörung erfolgte gemäß Abb. 17. Der erste Riß in den Versuchskörpern mit $l = 600$ mm entstand im Übergang des Zugflansches eines Nebenträgers zur zugehörigen Stumpfnaht; in den Versuchskörpern mit $l = 220$ mm wurde der erste Riß in der Regel in einer Kehlnaht des Stuhls beobachtet (vgl. Abb. 18).

Versuchskörper der Reihe 5 nach Abb. 5 (Zugflanschen mit einer Lasche verbunden, Steg und Druckflanschen mit Kehlnähten). Die Zuganstrengung σ_{bo}, die 1 Million mal ertragen wurde, ohne daß ein Bruch erfolgte, ist zu rd. 13 kg/mm² festgestellt worden; sie war also nicht größer als bei den Versuchskörpern der Reihe 3. Die durch den Steg des Hauptträgers laufende Lasche ist nicht zur Geltung gekommen, weil die Widerstandsfähigkeit der Lasche unter oftmals wiederholter Beanspruchung durch die Unstetigkeit am Ende der seitlichen Kehlnähte (vgl. Abb. 19 und 20) maßgebend beeinflußt war und weil unter solchen Umständen keine Vermehrung der Tragfähigkeit gegenüber den Versuchskörpern nach Abb. 3 zu erwarten ist[1].

---

[1] Eine an der Lasche durchlaufende Kehlnaht hätte voraussichtlich höhere Anstrengungen ertragen. Zu ihrer Anwendung muß die Öffnung des Stegs des Hauptträgers größer als in Abb. 5 gewählt werden.

Versuchskörper der Reihe 6 nach Abb. 6 (mit Stumpfnähten an den Zugflanschen, mit Kehlnähten am Steg und an den Druckflanschen). Die Biegeanstrengung σ_{bo}, die 1 Million mal ertragen wurde, fand sich zu rd. 13 kg/mm². Die Tragfähigkeit der Versuchskörper nach Abb. 6 war damit etwas kleiner als bei denen nach Abb. 3. Die Stumpfnähte erwiesen sich also etwas besser als die Kehlnähte.

Wichtigstes Ergebnis der Versuche mit den Versuchskörpern nach Abb. 1 bis 6. Aus den bisher beschriebenen Feststellungen geht vor allem hervor, daß es zweckmäßig ist, die Zugflanschen der Nebenträger mit Stumpfnähten anzuschließen; am Druckflansch sind Kehlnähte ausreichend. Am Steg genügen unter den Verhältnissen, die durch die Versuche gekennzeichnet sind, dünne einlagige Kehlnähte.

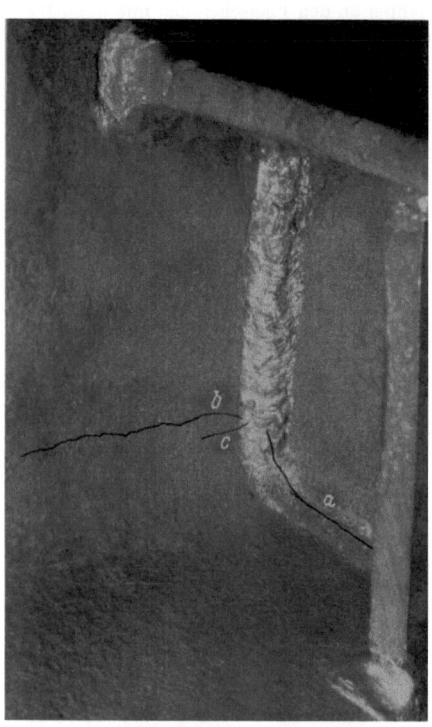

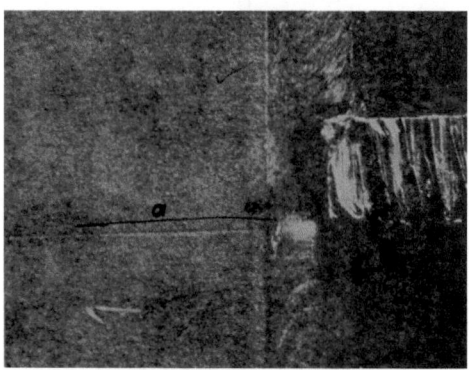

Abb. 20. Versuchskörper R 5.1 nach Abb. 5; Lasche nach Wegnahme des darüberliegenden Teils des Hauptträgers. Riß bei a, ausgehend von dem Ende einer Kehlnaht. Zustand nach 369 300 Lastspielen zwischen $\sigma_{bu} = 1$ kg/mm² und $\sigma_{bo} = 15$ kg/mm².

Abb. 18. Versuchskörper R 4 A.6 nach Abb. 4 ($l = 220$ mm); Riß a in der Kehlnaht des Stuhls am Flansch des Hauptträgers und Risse b und c im Steg des Hauptträgers.

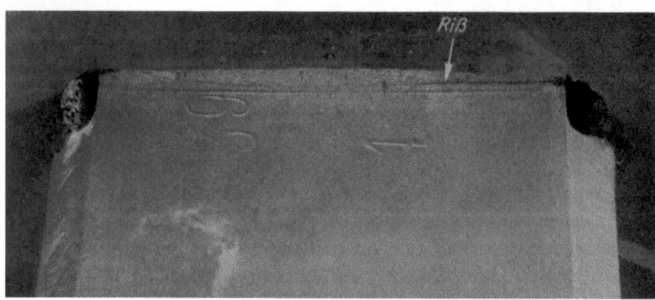

Abb. 19. Versuchskörper R 5.1 nach Abb. 5; Riß in der Lasche; vgl. auch Abb. 20.

Weiterhin entstand die Frage, inwieweit die Widerstandsfähigkeit der Körper durch die Anwendung von Laschen gesteigert werden kann, die über oder durch den Hauptträger geführt werden und dabei eine zweckmäßige Gestalt aufweisen. Hierzu sind die Versuche unter 2. ausgeführt worden.

2. Versuche mit den Körpern nach Abb. 21 bis 23.

Die Versuchskörper nach Abb. 21 und 22 enthielten wie diejenigen zu den Versuchen unter 1. als Hauptträger einen Trägerabschnitt I 60 und als Nebenträger zwei Trägerabschnitte aus I 30. Bei den Versuchskörpern nach Abb. 23 ist der Hauptträger wie die Nebenträger nur 30 cm hoch gewählt worden. Zum Vergleich sind gleichzeitig Proben nach Abb. 3 durch den Schweißer angefertigt worden, der die Proben nach Abb. 21 hergestellt hat.

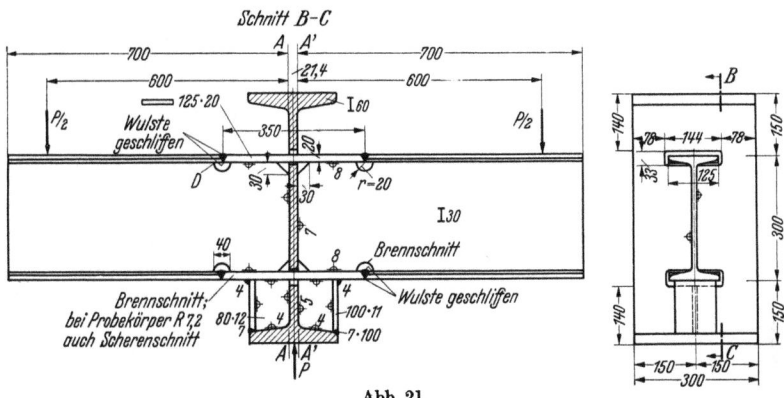

Abb. 21.

Versuchskörper nach Abb. 21. Die Zugflanschen und die Druckflanschen der beiden Nebenträger wurden auf eine Länge von 350 mm abgenommen und an einen durchschießenden Breitflachstahl von 20 mm Dicke und 125 mm Breite mit Stumpfnähten und Kehlnähten gebunden; der Steg der Nebenträger ist mit Kehlnähten an den Steg des Hauptträgers angeschlossen worden. Die Druckzone der Nebenträger wurde überdies durch eingeschweißte Stühle gestützt.

Die Herstellung der Schweißnähte geschah in Baustellenlage. Zuerst wurden die Kehlnähte an den Stegen hergestellt. Dann sind die Stumpfnähte mit 4 Lagen aus 4-mm-Pan-Elektroden halb gefüllt worden. Es folgte die Herstellung der Kehlnähte an der durchschießenden Lasche, hierauf das Schließen der Stumpfnähte mit 11 Lagen aus 4-mm-Pan-Elektroden. Dann ist die Wurzel der Stumpfnähte ausgemeißelt und in 3 Lagen überkopf mit 3-mm-Pan-Elektroden fertiggemacht worden. Zuletzt sind die Stühle eingeschweißt worden.

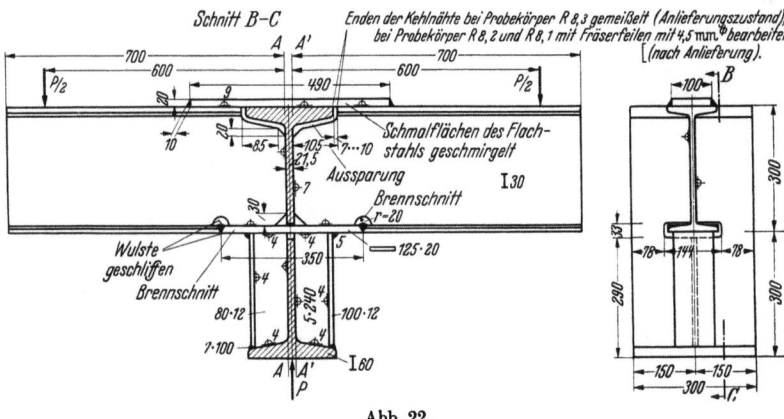

Abb. 22.

Versuchskörper nach Abb. 22. Die Zugflanschen der Nebenträger waren durch eine Lasche mit Kehlnähten verbunden; diese Lasche ist auch auf dem Hauptträger mit Kehlnähten befestigt worden.

Die Druckflanschen wurden mit einem durchschießenden Breitflachstahl verbunden, in gleicher Weise, wie dies bei den Versuchskörpern nach Abb. 21 geschehen ist. Auch die Befestigung des Stegs der Nebenträger ist so erfolgt wie bei den Versuchskörpern nach Abb. 21. Die Nebenträger erhielten Stühle, die im vorliegenden Fall höher sind als in Abb. 21.

Die Herstellung der Schweißnähte erfolgte wieder in Baustellenlage. Im einzelnen wurde dabei ähnlich verfahren wie bei den Versuchskörpern nach Abb. 21.

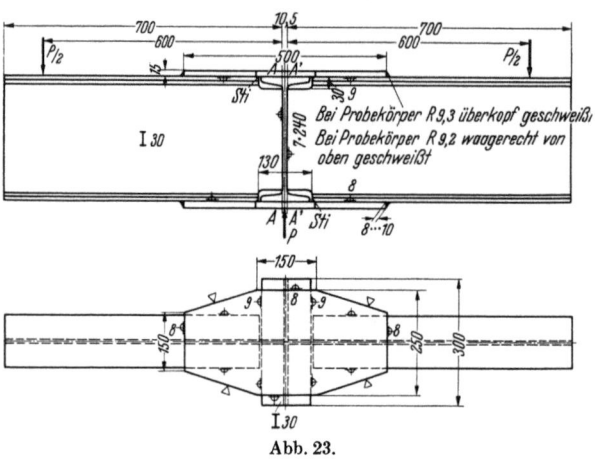

Abb. 23.

Versuchskörper nach Abb. 23. Hier waren die Zugflanschen und die Druckflanschen der Nebenträger durch eine Lasche verbunden, die in der Mitte des Versuchskörpers auf 250 mm verbreitert war; der Querschnitt der Zug- und Druckzone war also erheblich verstärkt. Die Herstellung der Schweißnähte geschah wieder in Baustellenlage. Zuerst wurden die Stege der Nebenträger mit dem Steg des Hauptträgers verschweißt; dann folgten die Kehlnähte in der Zug- und Druckzone.

Der Werkstoff zu den I 30 und I 60 war Thomas-Stahl St 37. Nach den vorliegenden Werksnachrichten fand sich

für Proben aus I 30
die Streckgrenze zu $\sigma_{zF} = 30{,}5\,\text{kg/mm}^2$, die Zugfestigkeit zu $\sigma_{zB} = 43{,}3\,\text{kg/mm}^2$, die Bruchdehnung zu $\delta = 23\%$;

für Proben aus I 60
die Zugfestigkeit zu $\sigma_{zB} = 43{,}7\,\text{kg/mm}^2$, die Bruchdehnung zu $\delta = 30\%$.

Abb. 24. Versuchskörper R 3.2 nach Abb. 3; Zustand nach dem Versuch.

Abb. 25. Versuchskörper R 7.3 nach Abb. 21. Bruchstelle am Übergang vom Zugflansch des Nebenträgers zur Stumpfnaht.

Für die chemische Zusammensetzung ist folgendes angegeben worden:

	C	Mn	P	S
I 30	0,06	0,41	0,061	0,033 %
I 60	0,06	0,43	0,079	0,028 %.

Die Schweißdrähte waren wieder von der Marke „GHH-Pan". Die Prüfung der Versuchskörper erfolgte in der gleichen Weise wie dies unter 1. beschrieben worden ist. Der Abstand der Lasten vom Hauptträger war in allen Fällen 600 mm; er war also ebenso groß wie bei den Reihen 1 bis 6 unter 1.

Die Versuchsergebnisse sind in Zusammenstellung 6 enthalten. Im einzelnen sei hierzu folgendes hervorgehoben:

Versuchskörper nach Abb. 3 (Wiederholung der Versuche der Reihe 3, vgl. Seite 5). Die rechnerische Anstrengung, die 1 Million mal ertragen wurde, ohne daß ein Bruch erfolgte, ist nach den Angaben der Zusammenstellung 6 zu 13,5 kg/mm² anzunehmen. Sie war also etwas kleiner als bei den unter 1. mitgeteilten Versuchen mit den Versuchskörpern nach Abb. 3 (dort 14 kg/mm²). Die Zerstörung der Versuchskörper erfolgte nach Abb. 24, also wie früher im Übergang der Stumpfnaht eines Nebenträgers.

Die ersten Risse sind wieder bei den Stumpfnähten der Druckzone entstanden (vgl. Zusammenstellung 6, Spalte 7).

Versuchskörper nach Abb. 21. Der Bruch erfolgte gemäß Abb. 25 am oder nahe dem Übergang des Zugflansches eines Nebenträgers

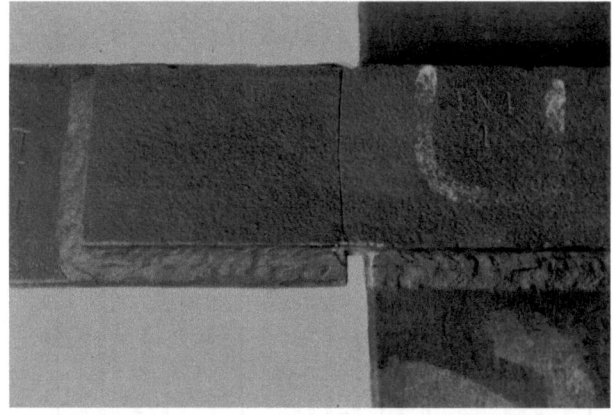

Abb. 26. Versuchskörper R 8.1 nach Abb. 22; Zustand nach dem Versuch.

Abb. 27. Versuchskörper R 9.2 nach Abb. 23; Zustand nach dem Versuch.

zur Stumpfnaht an dem eingesetzten Breitflachstahl. Die hier angeordnete Öffnung im Steg der Nebenträger wirkte als Kerbe in der Zugzone der Nebenträger[1]. Deshalb ist hier die Anstrengung σ_{bo} verhältnismäßig klein ausgefallen. Im Bereich der Aussparung des Stegs ist nach den vorliegenden Versuchen anzunehmen, daß σ_{bo}, das 1 Million mal ertragen wird, nur etwa 10 kg/mm² beträgt. Die Anstrengung in den Querschnitten $A-A$ und $A'-A'$, also in der Mitte der Versuchskörper, ist wesentlich höher ausgefallen; hier tritt die Wirkung des Stuhls hinzu.

---

[1] Die Öffnung im Steg der Nebenträger ist mit Schneidbrennern hergestellt worden und unbearbeitet geblieben. Vermutlich wäre die **Tragfähigkeit** der Körper nach Abb. 21 größer ausgefallen, wenn die Ränder der Öffnung bearbeitet gewesen wären.

Zusammenstellung 1.

1	2	3	4	5
Versuchsreihe	Bauart der Probekörper	Besondere Merkmale der Querträgeranschlüsse	Bilder zu Spalte 5	Angaben über die Ausführung der Schweißarbeiten und über die zugehörigen Vorbereitungen. Allgemein gilt dabei folgendes: Die Probekörper wurden aufrechtstehend geschweißt, Lichtbogenschweißung mit Gleichstrom. Dickumantelte Schweißstäbe, Marke GHH-Pan. Schweißstababmesser $d = 3$ 4 5 mm Spannung des Schweißstroms $E = 25$ bis 30 30 bis 40 40 V Stromstärke des Schweißstroms $J = 100$ 180 200 A und 120^1 und 200^1
1	Abb. 1	Kehlnähte ringsum		Trägerenden genau rechtwinklig und eben geschnitten. Zuerst Kehlnähte an den waagerechten, äußeren Flanschflächen der I 30; an den oberen Flanschen in 5 Raupen waagerecht von oben ($d = 4$ mm, $J = 200$ A); an den unteren Flanschen in 8 Raupen waagerecht überkopf ($d = 3$ mm, $J = 120$ A); je abwechselnd eine Schweißraupe an den 4 Kehlnähten und sämtliche Waagerecht- und Überkopfschweißungen von links nach rechts ausgeführt, vgl. die Bilder in Spalte 4. Später Kehlnähte mit 3 Raupen überkopf an den inneren, geneigten Flächen der oberen Flanschen ($d = 3$ mm) und Kehlnähte an den inneren, geneigten Flächen der unteren Flanschen waagrecht von oben mit 2 Raupen ($d = 4$ mm). Anschließend Kehlnähte an den Stegen der I 30 mit 2 Raupen senkrecht nach oben ($d = 3$ mm).
1a	Abb. 1			Die Schweißnähte an den Probekörpern der Reihe 1a ($l = 220$ mm) wurden unmittelbar hintereinander hergestellt. Zuerst überkopf 3 Raupen der Kehlnähte an den unteren waagerechten Flächen der unteren Flanschen der I 30 ($d = 3$ mm). Anschließend Kehlnähte an den oberen Flächen der oberen Flanschen der I 30 waagrecht von oben mit 6 Raupen ($d = 4$ mm). Dann Kehlnähte an den unteren Flächen der unteren Flanschen der I 30 überkopf mit 8 weiteren Schweißraupen ($d = 3$ mm). Hierauf Kehlnähte an den Stegen mit 2 Raupen senkrecht von unten nach oben ($d = 3$ mm). Weiterhin Kehlnähte an den inneren geneigten Flächen der unteren Flanschen der I 30 waagrecht von oben mit 4 Schweißraupen ($d = 4$ mm). Zum Schluß Kehlnähte an den inneren geneigten Flächen der oberen Flanschen der I 30 überkopf mit 6 Schweißraupen ($d = 3$ mm).
2	Abb. 2	Stumpfnähte an den oberen und unteren Flanschen der I 30		Schweißnahtfugen V-förmig ausgehauen und ausgeschliffen; Fugenwinkel 45°. Bei Schweißung der Stumpfnähte an den Flanschen zuerst eine Schweißraupe mit $d = 3$ mm und darüber 12 weitere Schweißraupen mit $d = 4$ mm waagerecht von oben; dann Wurzel überkopf mit 1 Raupe ($d = 3$ mm) nachgeschweißt; sämtliche Waagerecht- und Überkopfschweißungen von links nach rechts, je abwechselnd 1 Schweißraupe an jeder Stumpfnaht, vgl. die Bilder in Spalte 4 (bei $d = 3$ mm, $J = 120$ A; bei $d = 4$ mm, $J = 200$ A).
3	Abb. 3	Stumpfnähte an den oberen und unteren Flanschen und Kehlnähte an den Stegen der I 30		Trägerenden rechtwinklig gesägt; V-Fugen ausgehauen und nachgeschliffen; Fugenwinkel 45°. Zuerst Stumpfnähte an den Flanschen der I 30 geschweißt, dabei zunächst 1 Schweißraupe waagrecht von oben mit $d = 3$ mm und darüber 12 Schweißraupen waagrecht von oben mit $d = 4$ mm; hierauf Nahtwurzeln ausgehauen und anschließend mit 3 Schweißraupen überkopf mit $d = 3$ mm geschweißt. Zuletzt Kehlnaht an den Stegen der I 30 mit je 2 Schweißraupen senkrecht von unten nach oben geschweißt ($d = 3$ mm); jede Kehlnaht für sich fertiggeschweißt, jeweils die zwei zu einem I 30 gehörigen Nähte nacheinander.

Zusammenstellung 1.

1	2	3	4	5
Versuchsreihe	Bauart der Probekörper	Besondere Merkmale der Querträgeranschlüsse	Bilder zu Spalte 5	Angaben über die Ausführung der Schweißarbeiten und über die zugehörigen Vorbereitungen. Allgemein gilt dabei folgendes: Die Probekörper wurden aufrechtstehend geschweißt. Lichtbogenschweißung mit Gleichstrom. Dickumantelte Schweißstäbe, Marke GHH-Pan. Schweißstabdurchmesser $d =$ 3 4 5 mm Spannung des Schweißstroms $E =$ 25 bis 30 30 bis 40 40 V Stromstärke des Schweißstroms $J =$ 100 180 200 A und 120^1 und 200^1
	Abb. 4	Wie Reihen 3 und 3a; außerdem Stühle unter den Druckflanschen	Schweißrichtung der Horizontal- und Überkopfnähte wieder von links nach rechts.	Zuerst Stumpfnähte an den Flanschen der I 30 waagrecht von oben geschweißt mit $d = 3$ mm und darüber 12 Schweißraupen mit $d = 4$ mm. Dann Kehlnähte an den Stegen der I 30 mit je 2 Schweißraupen senkrecht von oben geschweißt ($d = 3$ mm), jeweils die 2 Nähte an einem I 30 nacheinander. Anschließend Stühle unter den Flanschen geschweißt ($d = 4$ mm); zunächst Flachstähle 100×12 mm senkrecht von oben geschweißt; dann Bleche 79×12 mm eingebaut und in senkrechter Richtung mit Kehlnähten (mit je 2 Schweißraupen) verschweißt ($d = 3$ mm). Dann Wurzeln der Stumpfnähte an den Flanschen der I 30 ausgehauen und mit 3 Schweißraupen überkopf ($d = 3$ mm) geschlossen, zuletzt Anschlußnähte der Stühle an die I 30, ebenfalls überkopf mit 3 Schweißraupen ($d = 3$ mm).
5	Abb. 5	Lasche in der Zugzone		Zuerst überkopf die 3 ersten Schweißraupen der Kehlnähte an der unteren Fläche der unteren Flanschen der I 30 (Druckzone) ($d = 3$ mm). Dann waagrecht von oben die erste Schweißraupe der Längskehlnähte und der Stirnkehlnähte an der Lasche 100×21 mm ($d = 4$ mm). Darauf Stirnkehlnähte ($d = 5$ mm). Anschließend Längskehlnähte an der Lasche mit weiteren 4 Schweißraupen waagrecht von oben fertiggeschweißt ($d = 4$ mm). Hierauf untere Kehlnähte der unteren Flanschen der I 30 überkopf mit je 7 weiteren Schweißraupen fertiggeschweißt ($d = 3$ mm). Zuletzt Kehlnähte an den Stegen der I 30 in senkrechter Richtung von unten nach oben mit je 2 Schweißraupen ($d = 3$ mm), jeweils die beiden Nähte eines I 30 hintereinander.
6	Abb. 6	Stumpfnaht am oberen Flansch (Zugzone) und Kehlnähte am unteren Flansch (Druckzone) sowie an den Stegen der I 30		Zuerst überkopf die 3 ersten Schweißraupen der Kehlnähte an den unteren Flächen der I 30 waagrecht von oben geschweißt; die erste Schweißraupe mit $d = 3$ mm und darüber 12 weitere Schweißraupen mit $d = 4$ mm. Dann Stumpfnähte an den oberen Flanschen der I 30 waagrecht von oben geschweißt mit $d = 3$ mm und darüber 12 weitere Schweißraupen mit $d = 4$ mm. Anschließend untere Kehlnähte an den unteren Flanschen der I 30 überkopf mit 7 weiteren Schweißraupen fertiggeschweißt ($d = 3$ mm). Darauf Kehlnähte an den Stegen der I 30 in senkrechter Richtung von unten nach oben mit je 2 Schweißraupen geschweißt ($d = 3$ mm). Hierauf obere Kehlnähte an den unteren Flanschen (Druckzone) der I 30 waagrecht von oben mit 1 Schweißraupe ($d = 4$ mm). Zuletzt Wurzeln der Stumpfnähte an den oberen Flanschen der I 30 (Zugzone) nachgearbeitet und überkopf eine Wurzelraupe gelegt ($d = 3$ mm).

[1] Wenn $J = 120$ A bei $d = 3$ mm und $J = 200$ A bei $d = 4$ mm, ist es im folgenden besonders angegeben. Im übrigen $J = 100$ A bei $d = 3$ mm und $J = 180$ A bei $d = 4$ mm.

Versuchskörper nach Abb. 22. Bei diesen Versuchskörpern erfolgte der Bruch gemäß Abb. 26 am Ende der Kehlnaht, die die Lasche der Zugzone mit den Zugflanschen der Nebenträger verband. Dort war eine scharf ausgeprägte Spannungsschwelle. Nach den Zahlen in Zusammenstellung 6 ist anzunehmen, daß σ_{bo} an der genannten Stelle etwa 9 kg/mm² betragen darf, wenn ein Bruch durch 1 Million Lastspiele nicht erfolgen soll.

Versuchskörper nach Abb. 23. Die Zerstörung dieser Versuchskörper erfolgte nach Abb. 27 bis 29 im Übergang der Kehlnaht am Stirnende der Lasche auf dem Zugflansch der Nebenträger. Die Anstrengung, die an dieser Stelle 1 Million mal ertragen wurde, betrug etwa 11 kg/mm² [1]. Durch die Verlegung der hochbeanspruchten, wenig widerstandsfähigen Anschlußstellen in eine erhebliche Entfernung vom Hauptträger ist die Tragfähigkeit des Versuchskörpers bedeutend gesteigert worden. Die Anstrengung, die in den Querschnitten A—A und A'—A' 1 Million mal ertragen werden kann, hat damit rd. 19 kg/mm² erreicht, allerdings bezogen auf den Querschnitt der Nebenträger. Wenn man die Belastung auf den Laschenquerschnitt bei A—A und A'—A' bezieht, ergibt sich σ_{bo} zu rd. 11 kg/mm².

Abb. 28. Bruchstelle des Versuchskörpers R 9.2 nach Abb. 23. Vgl. auch Abb. 27.

Abb. 29. Bruchstelle des Versuchskörpers R 9.3 nach Abb. 23.

Einen weiteren Einblick in die verhältnismäßige Tragfähigkeit der Versuchskörper nach Abb. 3, 21, 22 und 23 ergibt sich aus folgendem:

Bauart der Versuchskörper	Belastung P, die 1 Million mal ertragen wurde kg
3	29 000
21	30 000
22	24 000
23	41 000

---

[1] Dabei ist darauf aufmerksam zu machen, daß die Stirnkehlnaht in der Zugzone des Körpers R 9.3 überkopf geschweißt war und tiefere Einbrandkerben aufwies als die von oben geschweißte Stirnkehlnaht des Körpers R 9.2. Da der Zustand am Körper R 9.2 der praktisch maßgebende ist, wurde die Dauerfestigkeit auf diesen Körper bezogen.

Zusammenfassung der Ergebnisse der Versuche mit den Versuchskörpern nach Abb. 21 bis 23. Maßgebend für die Widerstandsfähigkeit der Versuchskörper waren in allen Fällen Aussparungen oder Stirnkehlnähte, die als Kerben wirkten. An solchen Stellen ist nur eine verhältnismäßig kleine Schwellzugfestigkeit zu erwarten; nach früheren Versuchen und nach den jetzt beschriebenen ist anzunehmen, daß die Schwellzugfestigkeit in der Regel nicht oder nur wenig über 10 kg/mm² hinausgeht.

Zusammenstellung 2. *Prüfung des Werkstoffs der* I*-Stähle*.

1	2	3	4	5	6	7	8	9	10	11	12	13	14
Prüfstelle	Profil	Bezeichnung des Probekörpers, aus dem die Probestäbe entnommen wurden	Entnahmestelle innerhalb des Profils	Streckgrenze σ_{zFo}		Untere Streckgrenze σ_{zFu}		Zugfestigkeit σ_{zB}		Bruchdehnung δ_{10}		Bruchquerschnittsverminderung ψ	
				Einzelwerte kg/mm²	Mittelwert kg/mm²	Einzelwerte kg/mm²	Mittelwert kg/mm²	Einzelwerte kg/mm²	Mittelwert kg/mm²	Einzelwerte %	Mittelwert %	Einzelwerte %	Mittelwert %
August-Thyssen-Hütte A.G.	I 60	—	Flansch, längs	22,3 / 21,9	22,1	—	—	40,5 / 40,5	40,5	27,0 / 25,9	26,4	52,0 / 50,5	51
			Steg, quer	23,3	23,3	—	—	42,5	42,5	24,0	24,0	40,0	40
GHH	I 30	Guß 904 786	—	—	30,0	—	—	—	42,8	—	25	—	—
Institut für die Materialprüfungen des Bauwesens Stuttgart	I 30	R 2.2	Flansch, längs	28,5 / 24,1	26,3	—	—	41,0 / 37,6	39,3	27,4 / 29,4	28	64 / 67	65
			Steg, längs	33,4 / 30,0	31,7	—	—	43,2 / 40,5	41,8	19,8 / 27,3	24	61 / 63	62
		R 3.3	Flansch, längs	31,4 / 29,4	30,4	29,7 / 28,2	28,9	40,2 / 40,3	40,2	27,0 / 28,1	28	72 / 67	69
			Steg, längs	38,6 / 32,2	35,4	37,1 / 31,6	34,3	46,8 / 42,7	44,7	18,8 / 26,4	23	58 / 62	60

Zusammenstellung 3. *Ergebnisse der Vorversuche*[1].
Dauerbiegeversuche mit $l = 900$ mm; $n =$ rd. 210 Lastspiele in der Minute.

1	2	3	4	5
Bauart der Probekörper	Bezeichnung der Probekörper	Biegespannung[2] in den Querschnitten A—A und A'—A' an der unteren Belastungsgrenze: $\sigma_{bu} = 1{,}0$ kg/mm².		
		Biegespannung[2] an der oberen Belastungsgrenze in den Querschnitten A—A und A'—A' σ_{bo} kg/mm²	Zahl der Lastspiele bis zum Bruch N	Bemerkungen über den Bruch
Abb. 3	RA 3.1	18,0	233 600	Rechter I 30 gebrochen; Bruchbeginn am oberen Übergang des Stumpfnahtwulstes zum Flansch in der Zugzone.
Abb. 4	RA 4.1	17,0	633 800	Ein I 30 gebrochen; Bruchbeginn wahrscheinlich im Übergang des Stumpfnahtwulstes zur Schmalfläche des Zugflanschs.
Abb. 5	RA 5.1	17,0	590 000	Lasche an den Flanschen in der Zugzone gebrochen; Bruchbeginn am inneren Ende einer Flankenkehlnaht am rechten I 30, dicht am Steg des I 60.

[1] Eingang der Probekörper am 6. August 1936.
[2] Mit dem Widerstandsmoment W_x für I 30 nach DIN 1025, Blatt 1, berechnet.

Zusammenstellung 5.

Trägheitsmomente und Widerstandsmomente der I 30 in den Versuchskörpern der Gruppe I.

1	2	3	4	5	6	7	8	9
Bezeichnung	Probeabschnitt vom	Trägheitsmoment J_x	Abstände der äußersten Fasern von der Schwerachse $X-X^1$		Widerstandsmomente W_x			Querschnitt F
					mit Berücksichtigung der Außermittigkeit der Schwerachse		ohne Berücksichtigung der Außermittigkeit der Schwerachse	
			in der Zugzone	in der Druckzone	Zugzone	Druckzone		
		cm^4	cm	cm	cm^3	cm^3	cm^3	cm^2
RA 5.1	rechten I 30	9664	15,19	14,97	636	646	641	68,4
R 2.2	linken I 30	9936	15,18	14,98	655	663	659	70,6
R 3.3	linken I 30	9792	15,00	15,16	653	646	649	68,8
	rechten I 30	9792	14,87	15,29	659	640	649	68,8

[1] In der Mitte der Profile gemessen. Die Profilhöhe war an den Rändern um 0,1 bis 0,3 mm größer und um 0,2 bis 1,2 mm kleiner als in der Mitte der Profile.

Additional material from *Versuche über die Widerstandsfähigkeit von geschweissten Querträgeranschlüssen bei oftmals wiederholter Biegebelastung,*
ISBN 978-3-540-01612-0, is available at http://extras.springer.com

Zusammenstellung 6. *Ergebnisse der Dauerbiegeversuche*

1	2	3	4	5	6	7	8
						Dauerbiege 250 Lastspiele je Minute. Biegespannung in den Querschnitten	
Bauart der Probekörper	Merkmale des Trägeranschlusses	Versuchsreihe	Bezeichnung der Probekörper	Rechnungsmäßige Biegespannungen*) an der oberen Belastungsgrenze in den Querschnitten $A{-}A$ und $A'{-}A'$ σ_{bo} kg/mm²	im Querschnitt mit dem Bruchanfang in der Zugzone $\sigma_{bo\,B}$ kg/mm²	Ort des ersten sichtbaren Risses in der Druckzone	in der Zugzone
Abb. 3	Stumpfnähte an den Flanschen und Kehlnähte an den Stegen der I 30	3'	R 3'.1	17,0	16,6	Unterer Übergang der Stumpfnaht am Druckflansch des rechten I 30 (Riß rd. 125 mm lang)	—
			R 3'.3	15,0	14,6	Riß im Druckflansch des rechten I 30, an unterer Fläche im Übergang zur Stumpfnaht. Außerdem 5 bis 7 mm lange Risse im Steg am Anfang der Kehlnähte	—
			R 3'.2	14,0	13,6	Riß im Druckflansch des linken I 30, an der unteren Fläche im Übergang zur Stumpfnaht; tiefe Einbrandkerbe. Außerdem 16 bis 25 mm lange Risse in den Kehlnähten[2] am Steg des linken I 30	Übergang des Zugflansches des rechten I 30 zur Stumpfnaht; Riß 7 mm lang, 15 mm vom Querschnitt $A'{-}A'$ entfernt
Abb. 21	Durchschießende Platte an Zug- und Druckflanschen der I 30 sowie Stuhl unter den Druckflanschen der I 30	7	R 7.2	18,0	12,7	Kehlnähte zur Verbindung der Stühle mit der Platte 125×20 mm in der Druckzone	—
			R 7.3	16,0	11,2	Kehlnaht zur Verbindung des rechten Stuhls mit der durchschießenden Platte in der Druckzone (rechts außen)	Übergang vom Zugflansch zum Steg des linken I 30 am linken Ende der brenngeschnittenen Aussparung im Steg[3]
			R 7.1	16,0	11,4	Kehlnähte zur Verbindung der beiden Stühle mit der durchschießenden Platte in der Druckzone (links und rechts außen)	Hintere Kehlnaht zur Verbindung des Stegs des rechten I 30 mit dem I 60
Abb. 22	Lasche an Zugflanschen, durchschießende Platte an Druckflanschen und Stuhl unter den Druckflanschen der I 30	8	R 8.3	18,0	14,9	—	Lasche an inneren Enden der Flankenkehlnähte; Risse 7 bis 13 mm lang
			R 8.2	16,0	13,2	—	—
			R 8.1	13,0	10,8	—	Lasche am rechten Ende der hinteren Flankenkehlnaht am linken I 30[3]
Abb. 23	Breite Lasche mit verjüngten Enden an Zug- und Druckflanschen der I 30	9	R 9.3	18,0	10,4	—	—
			R 9.2	18,0	10,2	—	Querkehlnaht Sti, Abb. 23; am Flansch des mittleren I 30, beim Zusammentreffen mit der Flankenkehlnaht am Zugflansch der linken I 30

*) Mit dem Widerstandsmoment $W_x = 653$ cm³ für I 30 nach DIN 1025, Blatt 1, berechnet.
[1] Riß im Druckflansch in der hinteren Hälfte bis auf die obere Flanschseite (Stumpfnaht) durchgedrungen.
[2] Risse in den Kehlnähten am Steg des rechten I 30, in der Druckzone rd. 60 mm lang.
[3] und ihrem hinteren Übergang.

Zusammenstellung 6.

mit den Körpern nach Abb. 3 und 21 bis 23; Gruppe II.

9	10	11	12
versuche im Schwellbereich mit $l = 600$ mm A—A und A'—A' an der unteren Belastungsgrenze: $\sigma_{bu} = 1$ kg/mm².			
Zahl der Lastspiele			Bemerkungen über den Zustand der Probekörper am Schluß der Dauerbiegeversuche
bis zur Feststellung des ersten Risses in der Druckzone	bis zur Feststellung des ersten Risses in der Zugzone	bis zum Schluß des Dauerbiegeversuchs	(Allgemein: Alle Probekörper waren am Schluß der Dauerbiegeversuche gebrochen. Beim Bruch ging die endgültige Zerstörung immer von der Zugzone aus)
N_D	N_Z	N_B	
367 400	—	380 100	Zugflansch des rechten I 30 im Übergang zur Stumpfnaht gebrochen; Bruchbeginn wahrscheinlich im Übergang zur Stumpfnaht an oder nahe einer Schmalfläche, 15 bis 16 mm vom Querschnitt A'—A' entfernt. Außerdem 85 bis 90 mm langer Durchriß in der Zugzone des Stegs, im Übergang zu den Kehlnähten[1], am Zugflansch beginnend
310 200	—	445 200	Zugflansch des linken I 30 im Übergang zur Stumpfnaht gebrochen; Bruchbeginn im Übergang zur Stumpfnaht an oder nahe einer Schmalfläche des Flansches, 17 mm vom Querschnitt A—A entfernt. Außerdem 31 bis 33 mm lange Risse in Kehlnähten des linken I 30, am Zugflansch beginnend, hinten nahe dem Übergang zum Steg verlaufend[2]
729 900	729 900	894 700	Zugflansch des rechten I 30 im Übergang zur Stumpfnaht gebrochen; Bruchbeginn wahrscheinlich an einer Einbrandkerbe im oberen Übergang, 3 bis 5 mm vom vorderen Seitenrand und 15 mm vom Querschnitt A'—A' entfernt. Außerdem in der Zugzone 165 bis 174 mm lange Risse in den Kehlnähten am Steg des rechten I 30[4]
283 600	—	534 600	Zugflansch des rechten I 30 gebrochen, am oder nahe dem Übergang zur Stumpfnaht; Bruchbeginn wahrscheinlich im Übergang vom Zugflansch zum Steg, an der brenngeschnittenen Aussparung des Stegs, 176 mm vom Querschnitt A'—A' entfernt
116 400	9 900	264 300	Zugflansch des linken I 30 8 bis 12 mm links vom Übergang der Stumpfnaht gebrochen; Bruchbeginn bei D in Abb. 21, 180 bis 183 mm vom Querschnitt A—A entfernt
336 300	458 100	551 300	Zugflansch des rechten I 30 im und nahe dem Übergang zur Stumpfnaht gebrochen; Bruchbeginn am Übergang zum Steg, an der brenngeschnittenen Aussparung des Stegs, 170 bis 172 mm vom Querschnitt A'—A' entfernt. Anschließend rd. 45 mm langer Riß im Steg des rechten I 30
—	57 800	81 000	Lasche in der Zugzone am rechten Ende der linken Flankenkehlnähte gebrochen; Bruchbeginn am rechten Ende der vorderen Flankenkehlnaht, 105 mm vom Querschnitt A—A entfernt. Außerdem rd. 170 mm lange Risse in den Kehlnähten zur Verbindung des Stegs des linken I 30 mit dem I 60, von der Zugzone ausgehend
—	—	231 900	Lasche in der Zugzone am rechten Ende der linken Flankenkehlnähte gebrochen; Bruchbeginn am rechten Ende der hinteren Flankenkehlnaht, 104 mm vom Querschnitt A—A entfernt. Außerdem rd. 100 mm lange Risse in den Kehlnähten zur Verbindung des Stegs des linken I 30 mit dem I 60, von der Zugzone ausgehend
—	411 700	553 800	Lasche in der Zugzone am rechten Ende der linken Flankenkehlnähte gebrochen; Bruchbeginn am rechten Ende der hinteren Flankenkehlnaht, 102 mm vom Querschnitt A—A entfernt. Außerdem 17 mm langer Riß im Übergang der vorderen Kehlnaht und rd. 20 mm langer Riß in der hinteren Kehlnaht zur Verbindung des Stegs des linken I 30 mit dem I 60
—	—	296 200	Zugflansch des rechten I 30 beim Übergang zur Stirnkehlnaht gebrochen; Bruchbeginn an scharfen Einbrandkerben im Übergang der Stirnkehlnaht zum Flansch im mittleren Teil der oberen Flanschfläche, 252 mm vom Querschnitt A'—A' entfernt. Anschließend rd. 130 mm langer, mit rd. 50° Neigung schräg nach innen verlaufender Riß im Steg des rechten I 30
—	452 100	1 403 700	Zugflansch des linken I 30 beim Übergang der Stirnkehlnaht gebrochen; Bruchbeginn an Einbrandkerben und einer Meißelkerbe im Übergang der Stirnkehlnaht zum Zugflansch, 257 mm vom Querschnitt A—A, zum Teil auch an der Wurzel der Stirnkehlnaht. Anschließend rd. 45 mm langer Riß im Steg des linken I 30, mit rd. 70° Neigung schräg nach innen verlaufend

[1] In der Druckzone Risse in den Kehlnähten am Steg des linken I 30, rd. 40 mm lang. Druckflansch des linken I 30 ist seit 729 900 Lastspielen durchgerissen, vgl. Spalte 7 und 9.
[2] Bei D in Abb. 7; 2 Risse, rd. 7 mm lang.
[4] Riß an der hinteren Schmalfläche der Platte 13 mm und anschließend an der unteren Breitfläche 5 mm lang.

Versuche mit Ellira-Schweißungen[1].
Von F. Munzinger.

Das Ellira-Schweißverfahren hat sich zuerst in Deutschland trotz des Angebots hoher Wirtschaftlichkeit nur langsam durchgesetzt. Erst 1942 wurde eine umfangreichere Anwendung des Schweißverfahrens eingeleitet. Da die bis dahin durchgeführten Untersuchungen für die Beurteilung des Verhaltens von Ellira-Schweißungen im Dienst nicht ausreichend waren, wurden auf Vorschlag von Dr.-Ing. R. Malisius von 1942 bis 1944 im Institut für Bauforschung Stuttgart weitere Versuche mit Ellira-Schweißungen durchgeführt. Über diese Versuche wird im folgenden nach einer kurzen Zusammenfassung der bis 1942 vorliegenden Ergebnisse von Versuchen mit Ellira-Schweißungen in Deutschland berichtet.

1. Versuche von 1939 bis 1942.

Ranke und Tannheim[2] zeigten, daß sich Ellira-Schweißungen an 10 mm dicken Blechen aus St 37 bei Zug-, Falt- und Kerbschlagversuchen einwandfrei verhielten. Durch Spannungsfreiglühen und Normalglühen wurden die Schweißungen wesentlich zäher; z. B. wurde durch Normalglühen die Bruchdehnung des Schweißnahtwerkstoffs von 5 auf 10% und die Kerbschlagzähigkeit von 5,9 mkg/cm² auf 13,9 mkg/cm² erhöht. Nach Gefügebildern waren die Schweißnähte ohne Fehlstellen.

Albers[3] berichtete über Zugversuche mit 42 mm dicken Proben aus St 52 mit „Stumpfnähten", die nach dem Ellira-Verfahren geschweißt waren.

Es wurden sechs 42 mm dicke, 600 mm breite und 6000 mm lange Bleche aus St 52 paarweise durch eine 6000 mm lange zweilagige „Stumpfnaht" zu 1200 mm breiten Probestücken verbunden. Die Bleche sind vor dem Schweißen 1 Stunde bei 600° C geglüht und an ruhiger Luft abgekühlt worden.

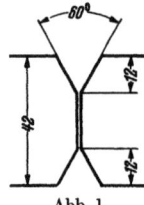

Abb. 1.

Die Schweißdrähte stammten noch aus den USA. Die Nahtfugen waren nach Abb. 1 vorbereitet. Die beiden Lagen der „Stumpfnaht" waren je 17 bis 20 mm dick, so daß an der Wurzel ein 5 mm hoher nichtverschweißter Spalt vorhanden war. Die höchsten Schrumpfzugspannungen in dem Probestück betrugen quer zur Naht 17,5 kg/mm² und längs zur Naht 40 kg/mm²; die Querspannungen waren sehr unterschiedlich. Die Streckgrenze der Bleche lag zum Teil unter 34 kg/mm². Der Schweißnahtwerkstoff hatte eine Streckgrenze $\sigma_s = 45$ kg/mm², eine Zugfestigkeit $\sigma_{zB} = 64$ kg/mm², eine Bruchdehnung $\delta_{10} = 23$ bis 25% und eine Bruchquerschnittverminderung $\psi = 54\%$.

Zum Vergleich wurden früher an gleichgroßen Stücken aus St 52, die mit Hand-Lichtbogenschweißung und dickumhüllten Schweißdrähten hergestellt wurden, die größten Schrumpfzugspannungen quer zur Naht zu 34 kg/mm² und längs zur Naht zu 33 kg/mm² ermittelt.

Bei Röntgenuntersuchungen wurden in der elliragenschweißten Naht eines Probestücks zum Teil Gaseinschlüsse, mangelhafte Wurzelverschweißung und ein 4 cm langer Längsriß festgestellt.

Härteprüfungen nach Vickers ergaben im Schweißzustand bei Ellira-Schweißung die Vickershärte des Schweißnahtwerkstoffs zu 210 kg/mm² und der Übergangszone von der Schweißnaht zum Blech bis zu 255 kg/mm², bei Hand-Lichtbogenschweißung die Vickershärte des Schweißnahtwerkstoffs zu 150 bis 185 kg/mm² und der Übergangszone von der Schweißnaht zum Blech bis zu 380 kg/mm².

Durch Kerbschlagversuche mit DVM-Kerbschlagproben wurde die Kerbschlagzähigkeit des Blechs zu 7,4 mkg/cm² vor und zu 7,0 (6,3 bis 7,8) mkg/cm² nach dem Spannungsfreiglühen gefunden.

---
[1] Mitteilungen aus dem Institut für Bauforschung und Materialprüfungen des Bauwesens an der T. H. Stuttgart.
[2] Ranke und Tannheim, Elektroschweißung 10 (1939), S. 101 u. ff.
[3] Albers, K., Elektroschweißung 11 (1940), S. 173 u. ff.

Ferner war   die Kerbschlagzähigkeit in mkg/cm²
                          des Schweißnahtwerkstoffs   der Übergangszone von der
                                                        Schweißnaht zum Blech
bei Ellira-Schweißung . . . .   6,0 und 7,2   6,5
bei Hand-Lichtbogenschweißung . . .   8,1 und 7,8   5,9.

Durch Spannungsfreiglühen wurde die Kerbschlagzähigkeit des Schweißnahtwerkstoffs auf 10 mkg/cm² erhöht.

Bei der Untersuchung der Übergangszonen nach Ätzung und nach dem Magnetpulververfahren konnten bei Ellira-Schweißung keine Risse nachgewiesen werden.

Aus den 1200 mm breiten Probestücken mit den Ellira-Schweißungen wurden sechs 2,5 m lange Probestäbe mit einer Breite von 220 mm im 1100 mm langen prismatischen Teil herausgearbeitet, die Zugversuchen unterworfen wurden. Bei den Versuchen ergab sich

    die Streckgrenze   zu 34 bis 38 kg/mm²,
    die Zugfestigkeit   zu 52 bis 58 kg/mm²,
    die Gleichmaßdehnung   zu 11 bis 18% und
    die Bruchquerschnittsverminderung zu 14 bis 36%[1].

Es entstanden in der Regel Trennbrüche. Nach Spannungsfreiglühen stieg die Bruchquerschnittsverminderung auf 40%; die Streckgrenze, Zugfestigkeit und Gleichmaßdehnung blieben in den vorstehenden Grenzen.

Die Bleche hatten eine Zugfestigkeit $\sigma_{zB} = 54$ bis 56 kg/mm² und eine Bruchquerschnittsverminderung $\psi = 66\%$.

Aureden[2] führte Versuche mit ellirageschweißten Stumpfnähten an 30 bis 50 mm dicken Kesselblechen der Güten MI, MII, Jzett III und MIV sowie an 50 und 70 mm dicken Blechen aus St 52 und Manganstahl durch.

Bei den Zugversuchen mit kleinen Proben wurden die vorgeschriebenen Streckgrenzen und Zugfestigkeiten nicht unterschritten. Bei Faltversuchen wurden, wenn man von dem 70 mm dicken Blech aus St 52 absieht, Biegewinkel von 180° erreicht. Spannungsfreiglühen und Normalglühen brachten wieder wesentliche Erhöhungen der Bruchdehnungen und der Kerbschlagzähigkeiten. Durch fehlerhaftes Schweißpulver und ungenügende Beachtung der Schweißrichtlinien entstanden stellenweise Poren und Risse in den Schweißnähten.

Tannheim[3] prüfte eine ellirageschweißte Stumpfnaht an 30 mm dickem Kesselblech MII nach den Anforderungen der Dampfkessel-Überwachungsvereine. Nach der Röntgenuntersuchung vor der Entnahme der Proben und nach den Grobgefügebildern waren in der Schweißnaht keine Fehlstellen. Bei den Zugversuchen brachen die kurzen Proportionalstäbe bei einer Zugfestigkeit von 45 kg/mm² im Blech und die „Kesselzerreißstäbe" bei einer Zugfestigkeit von 49 kg/mm² ebenfalls im Blech. Mit dem „Kerbflachstab" ergab sich eine Zugfestigkeit der Schweißnaht von 54 kg/mm². Bei den Faltversuchen wurden ohne Anrisse Biegewinkel von 180° erreicht. Die Kerbschlagzähigkeiten des Schweißnahtwerkstoffs und der Übergangszone lagen mit DVM-Proben im ungeglühten Zustand teilweise etwas unter dem vorgeschriebenen Mindestwert von 10 mkg/cm², im normalgeglühten Zustand mit 10,5 bis 14 mkg/cm² darüber. Die Dauerzugfestigkeit wurde an allseitig bearbeiteten Proben von 10×10 mm² Querschnitt zu $\sigma_U = 33$ kg/mm² ermittelt.

2. Versuche von 1942 bis 1944 im Institut für Bauforschung Stuttgart[4].

Die Versuche waren hauptsächlich darauf abgestellt, die Schrumpfspannungen und den Einfluß des Ellira-Schweißverfahrens auf die Schweißempfindlichkeit von St 52 kennen zu lernen. Zum Vergleich wurden Proben mit hand-lichtbogengeschweißten Nähten geprüft. Die zu den Probestücken verwen-

---

[1] Der Vergleich von Albers mit den Ergebnissen von früheren Zugversuchen mit hand-lichtbogengeschweißten Stäben ist nicht angebracht, weil die Bleche für die Hand-Lichtbogenschweißung vor 1938 hergestellt wurden und mehr Kohlenstoff und Chrom enthielten als die Bleche für die Ellira-Schweißung, vgl. G. Bierett u. W. Stein, Elektroschweißung 9 (1938), H. 5, S. 81 u. ff.
[2] Aureden, Elektroschweißung 12 (1941), S. 142 u. ff.
[3] Tannheim, Elektroschweißung 13 (1942) S. 169 u. ff.
[4] An der Durchführung der Versuche war vorwiegend Herr Reiner beteiligt.

deten Bleche, Breitflachstähle und Flachwulststähle waren aus St 52. Bei der Einleitung der Versuche standen nur stationäre Ellira-Schweißmaschinen zur Verfügung. Es war aber schon vorher nach dem Vorbild der Schweißindustrie in den USA[1] begonnen worden, bewegliche, auf einem Gleis neben den Schweißnähten geführte Schweißanlagen zu entwickeln, so daß die Ellira-Schweißungen für den zweiten Teil der Versuche mit einer beweglichen Schweißanlage ausgeführt werden konnten[2].

2.1. Versuche an 6 m langen Probestücken mit Stumpfnähten.

Zwei 6 m lange, 1 m breite und 14 mm dicke Bleche aus St 52 KM wurden durch eine ellirageschweißte V-Stumpfnaht (V-förmige Fuge) zu einem 6 m langen und 2 m breiten Probestück verbunden. Zum Vergleich wurde die Stumpfnaht an einem weiteren 6 m langen und 1,7 m breiten Probestück durch Hand-Lichtbogenschweißung mit dickumhüllten Schweißdrähten SH lila gefertigt. Für die Ellira-Schweißung war ein Fugenwinkel von 20° und für die Hand-Lichtbogenschweißung von 60° vorgesehen. Nach Mitteilung von R. Malisius betrug die Arbeitszeit (Schweißzeit und Nebenzeit) für die Fertigung der 6 m langen Stumpfnaht bei Ellira-Schweißung 24 min und bei Hand-Lichtbogenschweißung 510 min. Bei Ellira-Schweißung schrumpfte das Probestück quer zur Naht um 0 bis 0,6 mm und längs zur Naht um etwa 2 mm. Dagegen betrug bei Hand-Lichtbogenschweißung die Querschrumpfung 1,8 bis 2 mm und die Längsschrumpfung 0,8 mm.

An den beiden Probestücken wurden die inneren Spannungen (vorwiegend Schrumpfspannungen) in den Stumpfnähten und in den Blechen neben den Stumpfnähten festgestellt.

Außerdem wurden noch Proben für

a) Zugversuche mit längslaufender Stumpfnaht,
b) Zugversuche und Faltversuche mit querlaufender Stumpfnaht,
c) Kerbschlagversuche mit dem Kerb im Schweißgut

entnommen.

2.11. Spannungsmessungen.

Die „Schrumpfspannungen" wurden etwa in der Mitte der Probestücke (Stelle D), nahe dem Rand der Probestücke (Stelle I) und an der Stelle H zwischen den Stellen D und I gemessen, vgl. auch Abb. 3 (Mitte). Die Meßstrecken waren an diesen Stellen nach Abb. 2 angeordnet. Die Meßstrecken 1 bis 28, 2 A, 9 A bis 11 A und 25 A bis 27 A waren an der oberen Seite und die Meßstrecken 31 bis 58, 32 A, 39 A bis 41 A und 55 A bis 57 A waren an der unteren Seite angebracht. Die Meßstrecke 31 lag unter der Meßstrecke 1, die Meßstrecke 32 unter der Meßstrecke 2 usf. Die senkrecht zur Nahtrichtung angeordneten Meßstrecken 1 bis 3, 8 bis 12, 24 bis 28, 31 bis 33, 38 bis 42 und 54 bis 58 waren 20 mm und die übrigen Meßstrecken 50 mm lang. Zur Ermittlung der Schrumpfspannungen wurde die Länge der Meßstrecken mit Setzdehnungsmessern[3] gemessen

a) am ganzen Probestück;
b) nach dem Herausschneiden von Proben 41×41 cm (mit den Meßstrecken) mit Schneidbrennern, und
c) nach der Zerlegung durch Sägen in 10 mm breite Probestreifen mit je einer Meßstrecke auf der oberen und unteren Seite.

Die nachstehend angegebenen Spannungen wurden mit $\alpha = \dfrac{1}{21\,000}\,\dfrac{1}{\text{kg/mm}^2}$ aus den Unterschieden der Längen der Meßstrecken bei den Messungen a und c berechnet.

Die Spannungen senkrecht zur Längsrichtung der Stumpfnähte (Querspannungen) sind wesentlich niedriger als die Fließgrenze des Blechs ausgefallen. Es betrugen z. B. bei 20 mm langen Meßstrecken

	die höchsten Zugspannungen		die höchsten Druckspannungen	
	im Blech	über die Stumpfnaht	im Blech	über die Stumpfnaht
	kg/mm²	kg/mm²	kg/mm²	kg/mm²
bei Ellira-Schweißung	14	0	23	21
bei Hand-Lichtbogenschweißung	14	11	23	27

---

[1] Vgl. z. B. F. G. Outgalt, Machinery, November 1941, S. 175 u. ff., ferner The Motorship, Aprilheft 1942, und H. B. Tergusson, Shipbuilding and Shipping Record, Mai 28, 1942.
[2] Vgl. Tannheim, Elektroschweißung 13 (1942), S. 169 u. ff.
[3] Die 20 mm langen Meßstrecken wurden mit einem Setzdehnungsmesser Bauart Marten und die 50 mm langen Meßstrecken mit einem Setzdehnungsmesser Bauart Leich gemessen. Beide Setzdehnungsmesser wurden im Institut für Bauforschung entwickelt.

Die Spannungen waren an den gleichliegenden Meßstrecken oben und unten zum Teil sehr verschieden; die größeren Unterschiede (bis 34 kg/mm²) traten bei Hand-Lichtbogenschweißung auf.

Bei der Ellira-Schweißung nahmen die Druckspannungen in der Stumpfnaht in der Regel von oben nach unten zu. Bei der Hand-Lichtbogenschweißung war diese Gesetzmäßigkeit nicht gegeben. Auch

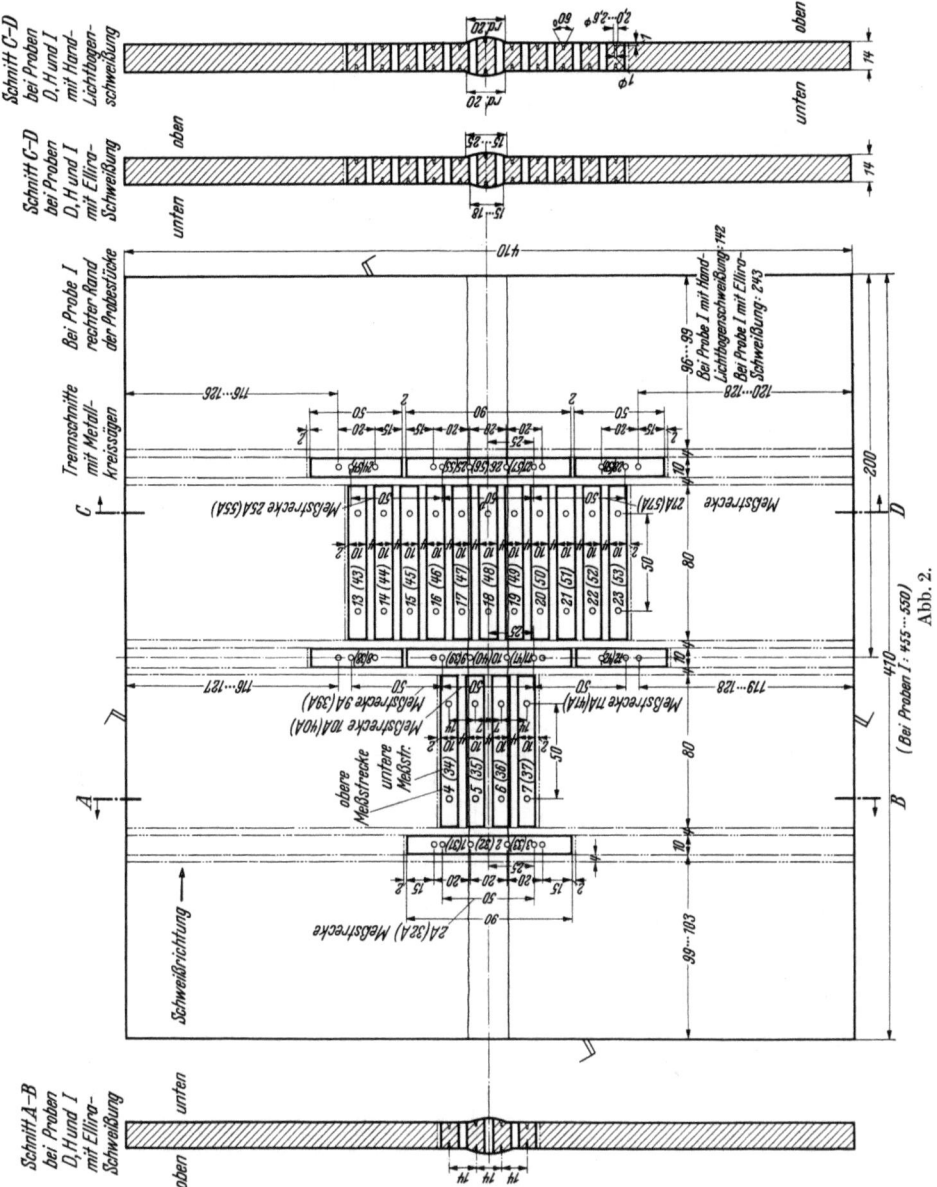

Abb. 2.

die Spannungen an den in 100 mm Abstand gleichliegenden Meßstrecken waren zum Teil sehr verschieden; die Unterschiede sind wieder bei Hand-Lichtbogenschweißung größer als bei Ellira-Schweißung. Beispielsweise betrugen die Mittelwerte der Spannungen von oben und unten (kg/mm²)

24 Versuche mit Ellira-Schweißungen.

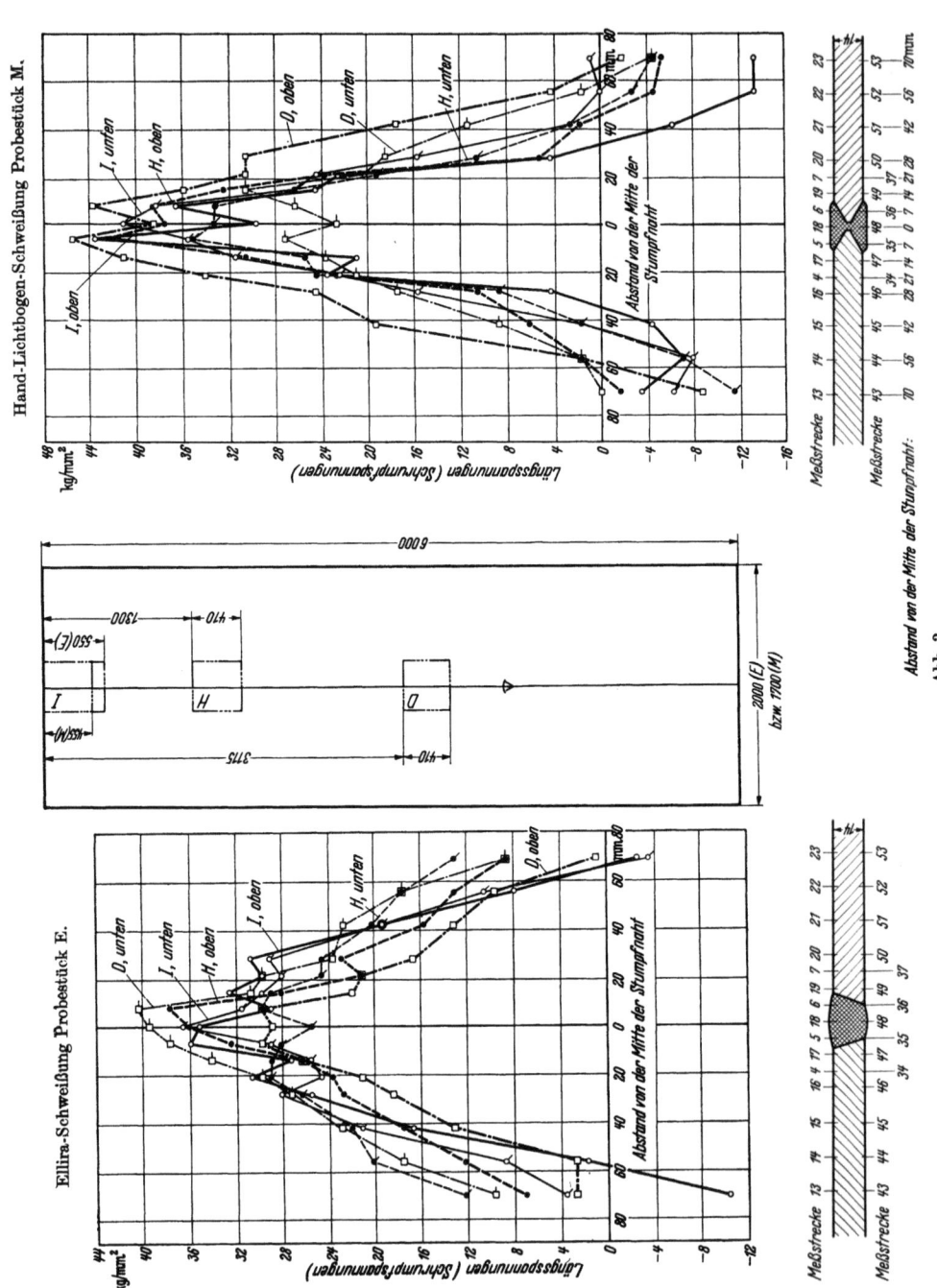

Abb. 3.

Versuche von 1942 bis 1944 im Institut für Bauforschung Stuttgart.

bei der Probe	D (Mitte)			H			I (Rand)		
an den Meßstrecken in den Stumpfnähten									
	2 (32)	10 (40)	26 (56)	2 (32)	10 (40)	26 (56)	2 (32)	10 (40)	26 (56)
bei Ellira-Schweißung									
	—15	—14	—16	—11	—7	—11	—16	—5	—7
Mittelwerte	—15			—10			—9		
bei Hand-Lichtbogenschweißung									
	—23	—3	—4	—9	—5	—2	—6	—17	—21
Mittelwerte	—10			—5			—15		

Die Spannungen parallel zur Längsrichtung der Stumpfnaht (Längsspannungen) sind aus den Abb. 3 und 4 ersichtlich. Die höchsten Zugspannungen in den Stumpfnähten waren bei Ellira-Schweißung — im einzelnen 40 kg/mm² und im Mittel von oben und unten 35 kg/mm² — um etwa 10% niedriger als bei Hand-Lichtbogenschweißung, im einzelnen 45 kg/mm² und im Mittel von oben und unten 40 kg/mm². Die höchsten Spannungen im Blech waren ebenfalls bei Ellira-Schweißung — im einzelnen 34 kg/mm² und im Mittel von oben und unten 31 kg/mm² — etwa 10 bis 20% niedriger als bei Hand-Lichtbogenschweißung — im einzelnen 41 kg/mm² und im Mittel von oben und unten 33 kg/mm² —; sie entsprachen annähernd der Streckgrenze des Blechs. Dagegen nahmen die Zugspannungen bei Ellira-Schweißung von den Höchstwerten ausgehend weniger rasch ab als bei Hand-Lichtbogenschweißung, so daß die in den Probestücken wirksame innere Zugkraft bei Ellira-Schweißung größer ausgefallen ist. Hiermit läßt sich die größere Längsschrumpfung bei Ellira-Schweißung teilweise erklären, vgl. S. 22.

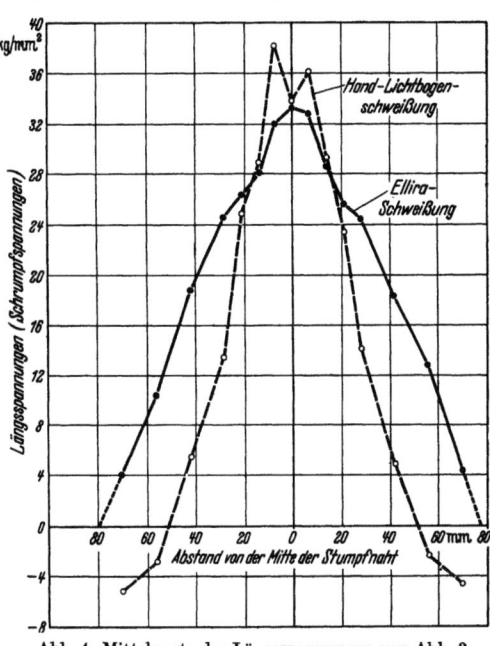

Abb. 4. Mittelwerte der Längsspannungen von Abb. 3.

2.12. Zug-, Falt- und Kerbschlagversuche.

Die Proben mit längslaufender Stumpfnaht waren in ihrem mittleren, 300 mm langen prismatischen Teil 80 mm breit; die Wulste der Stumpfnähte waren nicht abgearbeitet.

Die Proben mit querlaufender Stumpfnaht für Zugversuche waren nach Bild 1 der DIN-Vornorm/DVM-Prüfverfahren A 120 bemessen und an der Stumpfnaht 20 mm breit; die Wulste der Stumpfnähte waren bis auf die Blechoberfläche abgearbeitet.

Die Faltversuche mit den 30 mm breiten Proben mit querlaufender Stumpfnaht wurden nach DIN-Vornorm 50121 durchgeführt; der obere, breitere Wulst, der beim Faltversuch in der Zugzone war, war nicht abgearbeitet.

Die Proben für die Kerbschlagversuche, DVM-Proben mit einer Höhe und Breite von 10 mm, wurden nach DIN-Vornorm/DVM-Prüfverfahren A 122 entnommen. Der 3 mm tiefe Kerb mit einem Rundungsdurchmesser von 2 mm wurde im Schweißnahtwerkstoff angebracht.

Die Ergebnisse der Zug-, Falt- und Kerbschlagversuche sind in der Zahlentafel 1 wiedergegeben.

An den Proben mit längslaufender Stumpfnaht neigten die elliragschweißten Stumpfnähte eher zum Trennbruch als die hand-lichtbogengeschweißten. Bei der Beurteilung der Ergebnisse der Kerbschlagversuche ist zu beachten, daß der Kerbgrund bei dem Schweißgut der Hand-Lichtbogenschweißung in dem Bereich lag, der durch die später eingebrachten Schweißraupen geglüht wurde; die Kerbschlagzähigkeit der zuletzt eingebrachten Schweißraupe war wahrscheinlich niedriger. Bei der Ellira-Schweißung wurde die Stumpfnaht in einer Lage hergestellt.

2.2. Biegeversuche mit Proben aus T-förmigen Probestücken nach Abb. 5.

Zur Nachprüfung der Schweißempfindlichkeit von Stählen mit Dicken von 20 mm und mehr wurden seit 1938 in der Regel Aufschweißbiegeversuche durchgeführt. Zur Zeit der Einleitung der Versuche mit den Ellira-Schweißungen bestand jedoch die Auffassung, daß Aufschweißbiegeversuche für die Untersuchung des Einflusses der Ellira-Schweißung auf die Schweißempfindlichkeit von Stählen nicht

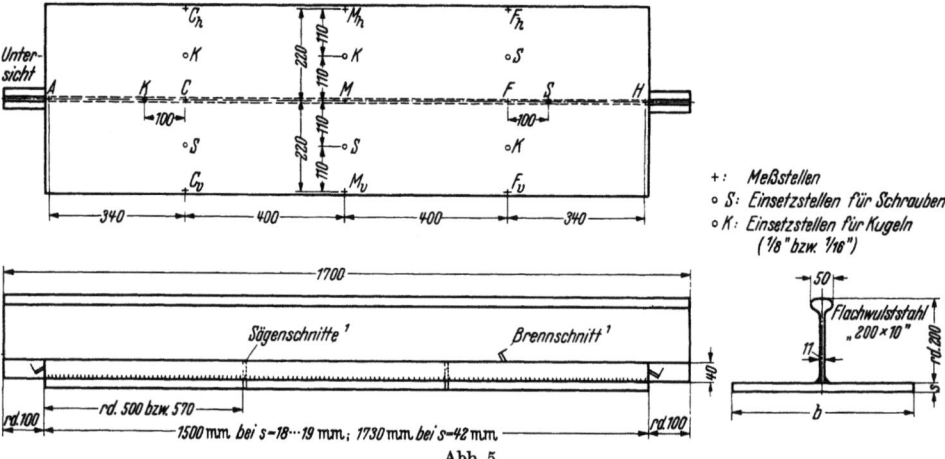

Abb. 5.

geeignet seien[1]. Weiterhin war zu beachten, daß Schweißungen mit dem Ellira-Doppelkopf an Aufschweißbiegeproben nicht durchführbar sind. Deshalb wurden Probestücke nach Abb. 5 hergestellt. Aus diesen Probestücken wurden 300 mm breite Proben nach Abb. 6 mit abgearbeitetem Flachwulststahl[2] und Kehlnähten entnommen. Die Proben wurden dann nach Abb. 6, sinngemäß wie Aufschweißbiegeproben, geprüft.

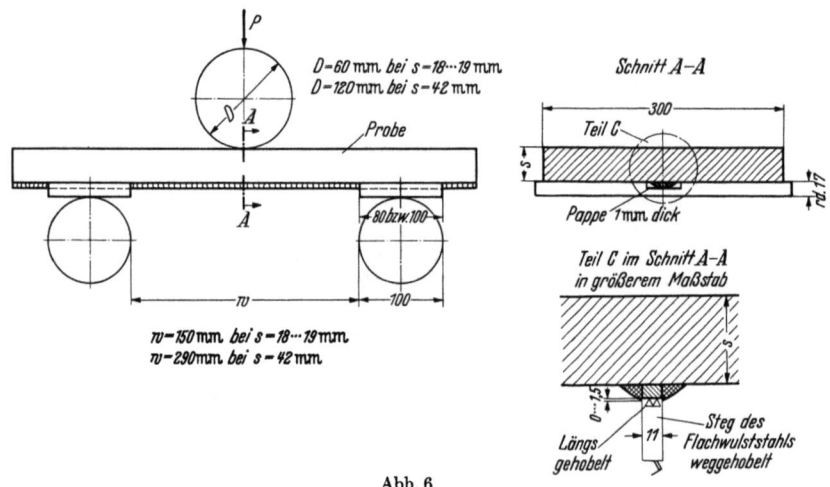

Abb. 6.

Die Maße und die Herstellungsdaten der Probestücke sind aus der Zahlentafel 2 ersichtlich. Sämtliche Schweißnähte wurden in waagerechter Richtung hergestellt. Die Ellira-Schweißungen

[1] Vgl. K. Albers, Elektroschweißung 11 (1940), S. 173 u. ff.
[2] Zuerst wurde der Flachwulststahl im Abstand von 2 bis 3 cm von den Kehlnähten mit dem Schneidbrenner durchgeschnitten. Die weitere Bearbeitung erfolgte mit spanabhebenden Werkzeugen.

wurden noch mit der stationären Schweißanlage der Gesellschaft für Lindes Eismaschinen in Höllriegelskreuth ausgeführt.

2.21. Werkstoffe.

Die „Flachwulststähle 200×10 mm" und die 18 mm dicken Bleche waren aus St 52 KM.

Die 42 mm dicken Breitflachstähle wurden von dem Rest einer Sonderanfertigung der Ilseder Hütte, Peine, zu früheren Versuchen für den Deutschen Ausschuß für Stahlbau[1] genommen. Von diesem Stahl war folgendes bekannt:

a) Chemische Zusammensetzung: 0,20% C, 0,50% Si, 1,33% Mn, 0,076% Cu, 0,034% P, 0,029% S.

b) Zugversuche: Streckgrenze $\sigma_s = 38$ bis 40 kg/mm²; Zugfestigkeit $\sigma_{zB} = 56$ bis 61 kg/mm²; Bruchdehnung $\delta_{10} = 21$ bis 24%.

c) Kerbschlagversuche bei $+20°$ C mit DVM-Proben (Probenhöhe und -breite: 10 mm; 3 mm tiefer Kerb mit einem Rundungsdurchmesser von 2 mm am Kerbgrund):

	Kerbschlagzähigkeit mkg/cm²	
	im Walzzustand	im künstlich gealterten Zustand
Proben aus dem Kopf des Blockes	11,1 bis 13,2, im Mittel 12,2	1,0 bis 1,3, im Mittel 1,1
Proben aus dem Fuß	19,5 bis 21,6, im Mittel 20,0	3,7 bis 7,6, im Mittel 5,4

Die 1,7 m langen Proben für die vorliegenden Versuche wurden etwa aus den mittleren 8 m des insgesamt 25 m langen Breitflachstahls entnommen.

d) Aufschweißbiegeversuche mit 200 mm breiten Proben (26 Tage nach dem Auflegen der Schweißraupe mit dickumhüllten Elektroden der Sorte „Kjellberg St 52 A"):

Bleibender Biegewinkel, Grad
- bis zum 1. Riß in der Schweißraupe .. 22 und 14
- bis zum 1. Riß im Grundwerkstoff.... 25 und 31
- bis zum Bruch................... 25 und 66

Bruchart   Trennbruch und Mischbruch.

Der Breitflachstahl war also nach den vorläufigen Lieferbedingungen der Deutschen Bundesbahn zu schweißempfindlich.

2.22. Verformungsmessungen.

Bei den Probestücken mit den 18 bis 19 mm dicken Blechen wurde die Krümmung der Probestücke in Längsrichtung und die „Winkelschrumpfung", die durch das Anbringen der Schweißnähte entstanden, gemessen. Die Meßstellen sind aus Abb. 5 oben ersichtlich.

Dabei ergab sich folgendes:

Bezeichnung der Probestücke	Schweißverfahren	Durchbiegung in der Längsrichtung, an den Meßstellen A und H gegenüber der Meßstelle M mm	Durchbiegung in der Querrichtung, an den Meßstellen C_h und C_v bzw. M_h und M_v bzw. F_h und F_v, gegenüber den Meßstellen C bzw. M bzw. F (Winkelschrumpfung) mm
1 E	Ellira mit Doppelkopf	0,95, nach unten	2,4 bis 3,2, im Mittel 2,8, nach oben
2 M	Handlichtbogen mit dickumhüllten Elektroden	0,5 und 0,3, im Mittel 0,4, nach unten	3,6, nach oben
3 S	Handlichtbogen mit Seelenelektroden	0,8 und 0,4, im Mittel 0,6, nach unten	3,6 bis 3,7, nach oben

---

[1] Vgl. O. Graf, Heft 15 der Berichte des Deutschen Ausschusses für Stahlbau, S. 72 u. ff.

28 Versuche mit Ellira-Schweißungen.

Auch bei diesen Probestücken war bei Ellira-Schweißung die Schrumpfung in der Längsrichtung größer und die Schrumpfung in der Querrichtung kleiner als bei Hand-Lichtbogenschweißung.

2.23. Biegeversuche nach Abb. 6, 23 bis 28 Tage nach der Schweißung der Kehlnähte.

Die Ergebnisse der Biegeversuche sind in der Zahlentafel 3 wiedergegeben. Der Zustand von Biegeproben am Schluß des Versuchs ist aus Abb. 7 bis 11 ersichtlich.

Abb. 7. Ellira-Schweißung mit Doppelkopf.

Abb. 8. Hand-Lichtbogenschweißung mit dickumhüllten Schweißdrähten.

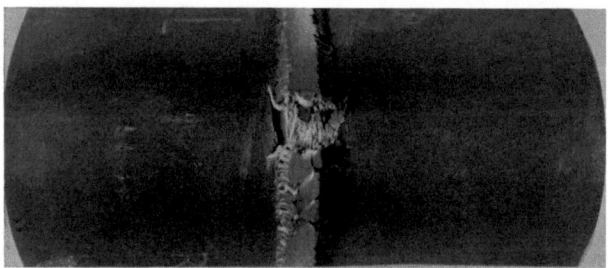

Abb. 9. Hand-Lichtbogenschweißung mit Seelen-Schweißdrähten.
Abb. 7 bis 9. Proben mit 18 bis 19 mm dicken Blechen am Schluß der Biegeversuche.

Bei den Proben mit den 18 bis 19 mm dicken Blechen sind die bleibenden Biegewinkel a_R und a_G bis zum 1. Anriß bei der Ellira-Schweißung nicht ganz halb so groß ausgefallen wie bei Hand-Lichtbogenschweißung mit dickumhüllten Schweißdrähten. Mit den Biegewinkeln am Schluß ist dagegen die Ellira-Schweißung etwas im Vorteil. Die beiden Schweißverfahren haben sich hier als etwa gleichwertig erwiesen. Bei den mit Seelendrähten geschweißten Proben wurden die in den Schweißnähten schon bei $a_R = 4°$ auftretenden Risse durch die Zeilenstruktur der Bleche am Fortschreiten gehemmt.

Bei den Proben mit den 42 mm dicken Breitflachstählen sind die bleibenden Biegewinkel α_R und α_G bis zum Anriß etwa gleich groß ausgefallen; bei Ellira-Schweißung mit Doppelkopf traten die Risse erst beim Bruch in die Breitflachstähle über. Die Bruchbiegewinkel α sind dagegen bei der Hand-Lichtbogenschweißung mit dickumhüllten Schweißdrähten deutlich größer ausgefallen als bei Ellira-Schweißung mit Einfach- und Doppelkopf.

Die Aufschweißbiegeversuche und die Biegeversuche nach Abb. 6 mit den 42 mm dicken Proben lieferten bei Hand-Lichtbogenschweißung annähernd gleich große Biegewinkel.

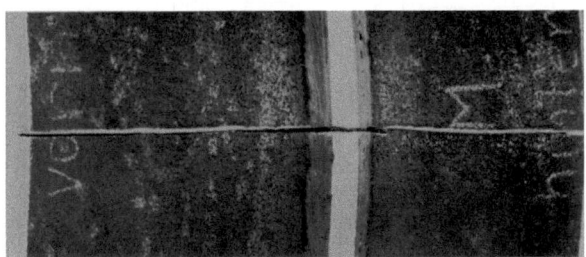

Abb. 10. Ellira-Schweißung mit Doppelkopf.

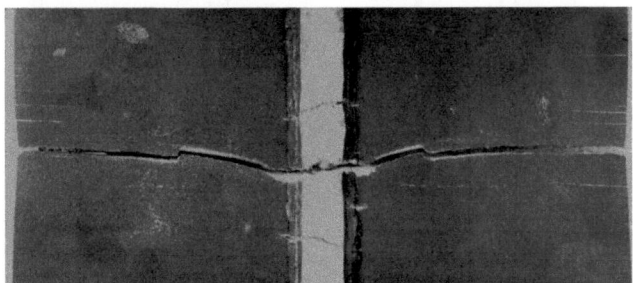

Abb. 11. Hand-Lichtbogenschweißung mit dickumhüllten Schweißdrähten.
Abb. 10 und 11. Bruchstellen von Proben mit 42 mm dicken Breitflachstählen.

Zu dem verschiedenen Verhalten der Biegeproben mit den 42 mm dicken Breitflachstählen kann auch der Unterschied in der Härte der Schweißnähte beigetragen haben. Bei Härteprüfungen mit dem Rollhärte-Prüfgerät nach Hauttmann ergab sich nämlich folgendes:

Probestück und Schweißverfahren		Rollhärte (Brinell), kg/mm² [1] (Kugeldurchmesser D = 1,59 mm Kugelbelastung P = 15 kg)	
		des Schweißnahtwerkstoffs	der Übergangszone
4 E	Ellira mit Doppelkopf	220 bis 350	220
6 S	Ellira mit Einfachkopf	230 bis 240	240 bis 260
5 M	Handlichtbogen (dickumhüllte Elektroden)	170 bis 190	240 bis 310

[1] Je Höchstwert an einer Kugelbahn.

30 Versuche mit Ellira-Schweißungen.

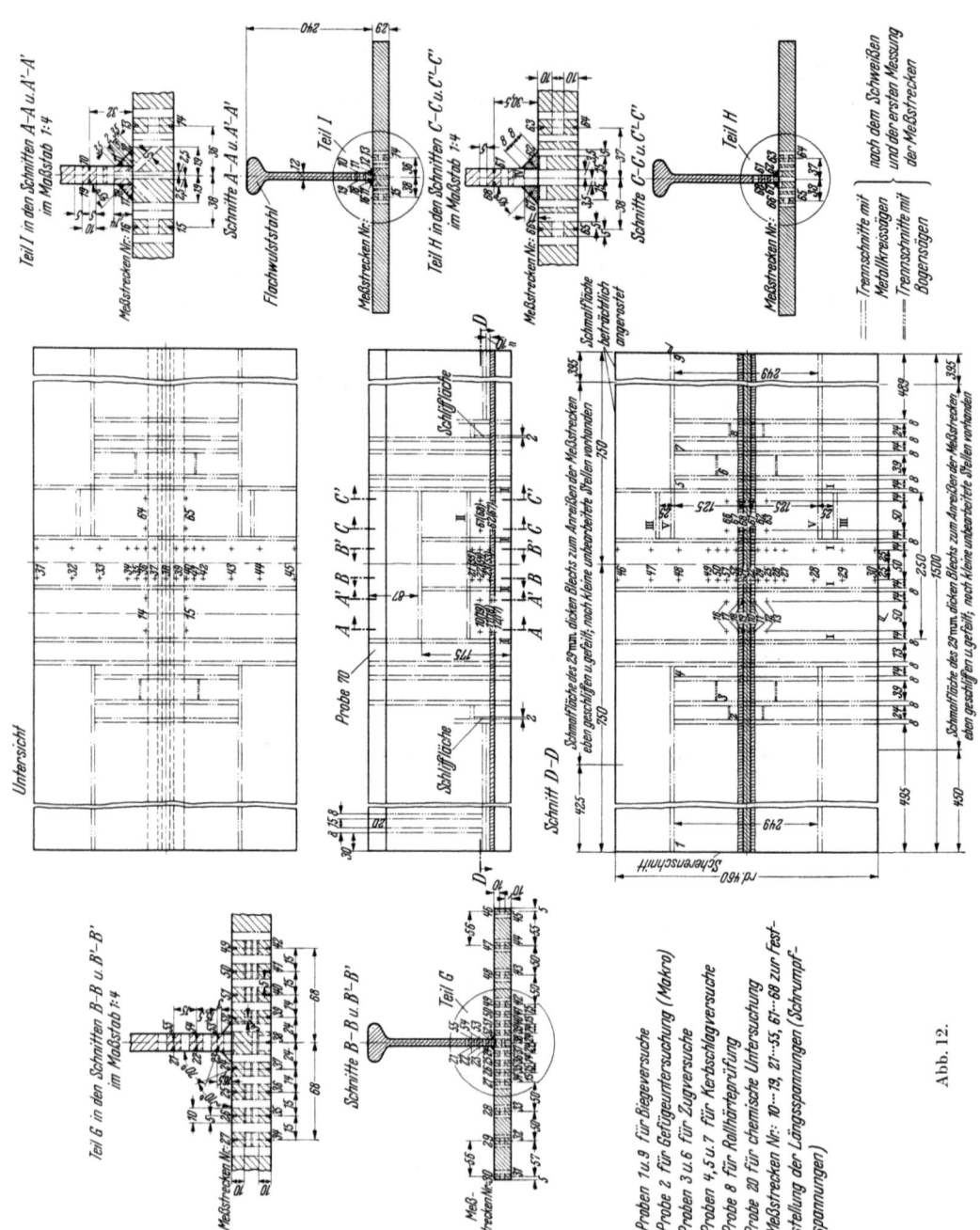

Abb. 12.

Versuche von 1942 bis 1944 im Institut für Bauforschung Stuttgart.

2.3. Versuche mit T-förmigen Probestücken nach Abb. 12.

Mit den weiteren Versuchen, die erst 3 Monate nach den Versuchen unter 2.1 und 2.2 geplant wurden, sollte außer den Schrumpfspannungen und dem Einfluß der Ellira-Schweißung auf die Schweißempfindlichkeit des St 52 noch der Einfluß der Kopfform, des Düsenabstandes des Doppelkopfes und der Schweißdrahtsorte bei Ellira-Schweißung auf die Schweißempfindlichkeit von St 52 erkundet werden. Außerdem war vorgesehen, den Einfluß des Aluminiumgehalts der Flachwulststähle bei den Biegeversuchen zu verfolgen; leider ist dieses Vorhaben durch Verwechslung bei der Herstellung der Probestücke nicht einwandfrei gelungen.

Da inzwischen für die mit der Ellira-Schweißung herzustellenden Bauteile Blechdicken bis 30 mm (statt bisher 18 mm) erforderlich geworden waren, wurden für die weiteren Versuche Probestücke nach Abb. 12 mit 29 mm dicken Blechen hergestellt.

Daneben wurden einige Aufschweißbiegeproben aus den 29 mm dicken Blechen angefertigt, da es wichtig war, einmal festzustellen, wie sich die aus den T-förmigen Probestücken nach Abb. 12 herausgearbeiteten Proben im Vergleich zu Aufschweißbiegeproben verhalten. Außerdem war es angebracht, die bestehende Auffassung, daß Aufschweißbiegeversuche für die Prüfung der Ellira-Schweißungen nicht geeignet seien, durch Versuche nachzuprüfen.

2.31. Herstellung der Probestücke.

Die Probestücke nach Abb. 12 und die zugehörigen Aufschweißbiegeproben wurden von der Brückenbauanstalt der MAN, Werk Gustavsburg, hergestellt. Die Ellira-Schweißungen wurden diesmal mit einer beweglichen, auf einem Gleis neben den Schweißnähten geführten Ellira-Schweißanlage vorgenommen[1].

Die Herstellungsbedingungen für die Probestücke nach Abb. 12 sind aus der Zahlentafel 4 ersichtlich. Die Kehlnähte hatten die nachstehenden Dicken:

Probestück   A   B   C   D   E   F   G   H   J
Dicke der Kehlnähte $a' =$ 5   5   5   6   5   8 u. 9   8   5   5 mm.

Die Schweißraupen der Aufschweißbiegeproben wurden unter den folgenden Bedingungen niedergeschmolzen:

Schweißverfahren	Bezeichnung d. Proben	Schweißdrähte	Schweißstrom	Schweißkopf	Vorschub mm/min
Hand-Lichtbogenschweißung	N O	SH Gelb T, 4 mm Durchmesser, dickumhüllt	Gleichstrom 200 A, 30 V	—	—
	P Q	Elite KVB, 4 mm Durchmesser mit Seele	Gleichstrom 170 A, 20 V	—	—
Ellira-Schweißung	R	Unionlind II, 5 mm Durchmesser	600 A, 36 V	Ellira-Einfachkopf E IIa S	600
	S	Unionlind I[1], 5 mm Durchmesser	600 A, 36 V	„	500

[1] Die Schweißraupe der Probe S wies einen Schweißfehler im Abstand von 55 mm von der Mitte auf, der wahrscheinlich durch unsachgemäßes Schweißen entstand.

Zu den Proben N bis Q wurden also abweichend von den Vorschriften der Deutschen Bundesbahn Schweißdrähte mit nur 4 mm Durchmesser verwendet.

---

[1] Fabrikat Gesellschaft für Lindes Eismaschinen, Höllriegelskreuth.

2.32. Werkstoffe.

Die 29 mm dicken Bleche waren aus St 52 KM. Die Flachwulststähle waren z. T. aus St 52 KM (ohne wesentlichen Al-Gehalt) und St 52 IZ (mit Al-Gehalt). Die Bleche, Flachwulststähle und Schweißdrähte hatten die nachstehende Zusammensetzung:

Teil	Probestücke	Chemische Zusammensetzung					
		C %	Si %	Mn %	P %	S %	Al %
29 mm dicke Bleche	A bis J	0,20	0,61	1,20	0,033	0,025	nicht bestimmt
Flachwulststähle 240×12	A	0,21	0,52	1,03	0,034	0,026	Spuren
	B	0,17	0,44	1,10	0,049	0,024	0,034
	C	0,19	0,45	1,12	0,053	0,028	0,034
	D	0,19	0,53	1,09	0,032	0,025	Spuren
	E	0,22	0,41	1,20	0,029	0,021	0,015
	F	0,19	0,53	1,09	0,031	0,025	Spuren
	G	0,19	0,45	1,11	0,054	0,026	0,037
	H	0,19	0,44	1,09	0,054	0,029	0,035
	J	0,17	0,46	1,11	0,049	0,025	0,034
Schweißdrähte	B (Unionlind I, 5 mm Durchmesser)	0,17[1]	0,27	1,55	0,042	0,026	—
	A, D, E, H, J (Unionlind II, 5 mm Durchmesser)	0,12	0,30	3,07	0,025	0,016	—
	C (Fließ, 5 mm Durchmesser)	0,16	0,50	2,25	0,025	0,015	—

[1] Bei einem Draht mit 6 mm Durchmesser betrug der C-Gehalt nur 0,09%.

Die Biegeversuche mit den 200 mm breiten Aufschweißbiegeproben N und O aus 29 mm dicken Blechen ergaben:

Bleibender Biegewinkel, Grad
- bis zum 1. Anriß in der Schweißraupe 49 und 37, im Mittel 43,
- bis zum 1. Anriß im Grundwerkstoff 62 und 54, im Mittel 58,
- bis zum Schluß des Versuchs 108 und 103, im Mittel 105.

Beide Proben waren am Schluß des Versuchs nicht gebrochen. Das Aussehen der Rißflächen war wie bei Verformungsbruch und bei Mischbruch. Die 29 mm dicken Bleche entsprachen also den Lieferbedingungen der Deutschen Bundesbahn für Baustahl St 52.

Die Kerbschlagzähigkeit bei + 20° C der 29 mm dicken Bleche wurde mit allseitig bearbeiteten ISA-Proben („Längsproben"; Probenhöhe und -breite: 10 mm; Kerbtiefe: 5 mm; Rundungsdurchmesser des Kerbgrunds: 2 mm) zu 7,5 bis 8,6 mkg/cm², im Mittel zu 8 mkg/cm² ermittelt.

2.33. Untersuchung der Probestücke nach Abb. 12.

2.331. Querschnitte der Kehlnähte. Die Abb. 13 bis 17 zeigen die Querschnitte von Kehlnähten. Die Ellira-Schweißungen hatten nicht immer das dichte Gefüge nach den Berichten unter 1. Auch hatte der Einbrand nicht in allen Fällen die erwünschte Richtung; außerdem konnten Einbrandkerben nicht immer vermieden werden. Die Ellira-Schweißungen mit Doppelkopf (Abb. 13 und 14) wirken aber trotzdem vertrauenerweckender als die Hand-Lichtbogenschweißung mit Seelendrähten nach Abb. 17. Es ist auch zu beachten, daß die Schweißnähte zu den ersten gehörten, die mit dem fahrbaren Schweißgerät hergestellt wurden.

Versuche von 1942 bis 1944 im Institut für Bauforschung Stuttgart.

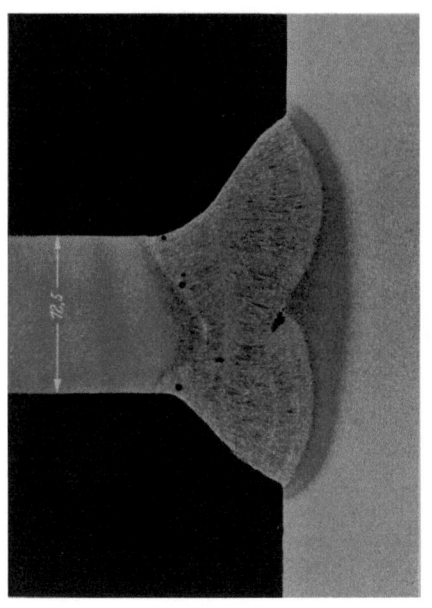

Abb. 14. Querschnitt der Kehlnähte des Probestückes D. Ellira-Schweißung mit Doppelkopf und Schweißdrähten Unionlind II bei einem Düsenabstand von 15 mm.

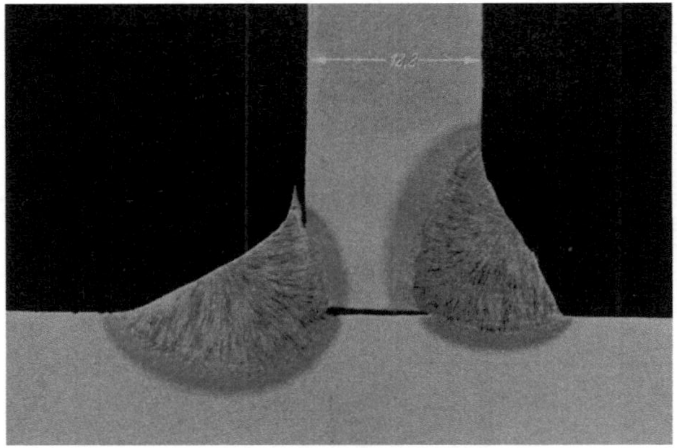

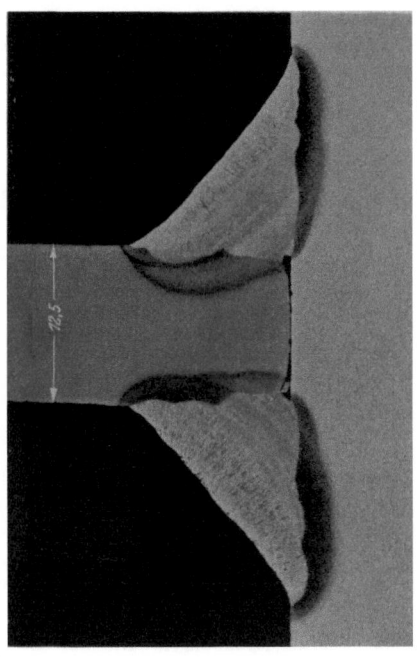

Abb. 16. Querschnitt der Kehlnähte des Probestückes F. Hand-Lichtbogenschweißung mit dickumhüllten Schweißdrähten.

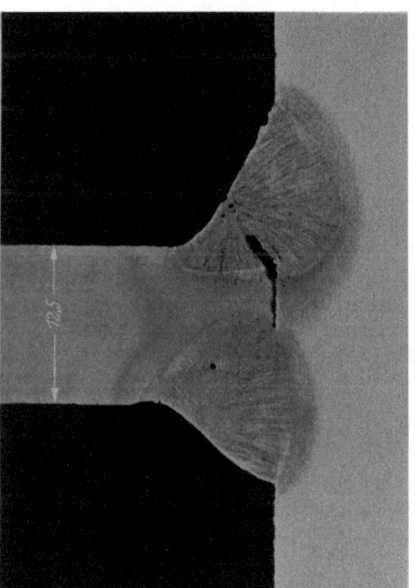

Abb. 13. Querschnitt der Kehlnähte des Probestückes A. Ellira-Schweißung mit Doppelkopf und Schweißdrähten Unionlind II bei einem Düsenabstand von 110 mm.

Abb. 15. Querschnitt der Kehlnähte des Probestückes J. Ellira-Schweißung mit Einfachkopf und Schweißdrähten Unionlind II.

Bei einem Düsenabstand von 15 mm wurde die Kerbe zwischen den beiden Nähten vermieden, die sich bei häufig wiederholter Belastung schädlich auswirken kann. Bei Hand-Lichtbogenschweißung kann die gleiche Wirkung nur durch weitgehende Abschrägung der Kanten des Stegs erzielt werden.

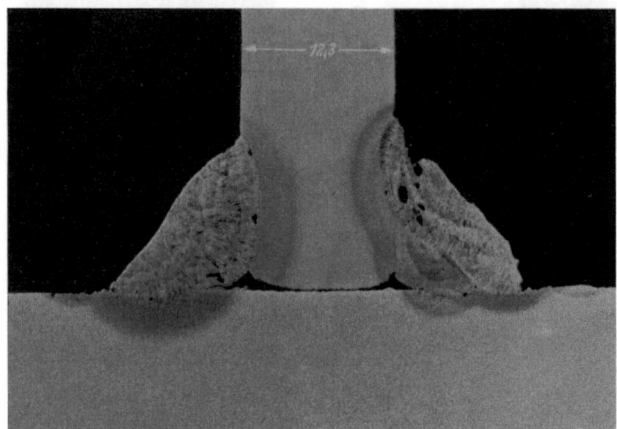

Abb. 17. Querschnitt der Kehlnähte des Probestückes G.
Hand-Lichtbogenschweißung mit Seelendrähten.

2.332. Schrumpfspannungen. Die inneren Spannungen in der Längsrichtung der Probestücke, vorwiegend Schrumpfspannungen, wurden an den Probestücken F (Hand-Lichtbogenschweißung mit dick umhüllten Schweißdrähten) und H (Ellira-Schweißung mit Schweißdrähten Unionlind II) gemessen. Die zugehörigen 50 mm langen Meßstrecken waren bei Probestück F nach Abb. 12 angeordnet. Bei dem Probestück H waren die Meßstrecken 10 bis 68 wie bei dem Probestück F angebracht. Rechts in der Schweißrichtung anschließend folgten dann noch

die Meßstrecken 70 bis 79 wie die Meßstrecken 10 bis 19,
die Meßstrecken 81 bis 115 wie die Meßstrecken 21 bis 55,
die Meßstrecken 121 bis 128 wie die Meßstrecken 61 bis 68.

Zu den Messungen wurden wieder Setzdehnungsmesser Bauart Leich verwendet[1].

Die ermittelten Schrumpfspannungen, die mit $\alpha = \dfrac{1}{21\,000}\dfrac{1}{\text{kg/mm}^2}$ aus den gemessenen Längenänderungen der 50 mm langen Meßstrecken berechnet wurden, sind in Abb. 18 wiedergegeben. Die höchsten Zugspannungen waren bei Hand-Lichtbogenschweißung (Probestück F) 42 kg/mm² (in der Mitte der Kehlnaht und im Flachwulststahl dicht neben einer Kehlnaht), bei Ellira-Schweißung (Probestück H) 53 kg/mm², in einer Kehlnaht nahe dem Übergang zum 29 mm dicken Blech. Die zugehörigen Zugspannungen in der Kehlnaht bzw. im Blech dicht neben den Nähten waren nur wenig kleiner, vgl. auch die Zahlentafel 5. Bei der Hand-Lichtbogenschweißung erstreckten sich die Schrumpfzugspannungen am 29 mm dicken Blech an der oberen und unteren Seite und im Flachwulststahl auf eine wesentlich schmälere Zone als bei der Ellira-Schweißung. An der unteren Seite betrugen zudem die höchsten Schrumpfzugspannungen, wenn man vom vorderen, in Abb. 18 linken Rand, absieht,

bei Hand-Lichtbogenschweißung nur 9 kg/mm²,
bei Ellira-Schweißung dagegen 31 und 37 kg/mm².

Diese Unterschiede sind wahrscheinlich die Folge des größeren Schmelzbads bei der Ellira-Schweißung.

R. Malisius hat die Ergebnisse dieser Schrumpfspannungsmessungen durch Konstruktion von Linien gleicher Spannung und der wahrscheinlichen Spannungsspitzen weiter ausgewertet[2].

---
[1] Vgl. Fußnote ³ auf S. 22.
[2] Vgl. R. Malisius, Die Technik 4 (1949), S. 11 u. ff.

Versuche von 1942 bis 1944 im Institut für Bauforschung Stuttgart.

Er stellte dabei fest, daß die Spannungsspitzen der Zugspannungen bei Hand-Lichtbogenschweißung mindestens 50 kg/mm², bei Ellira-Schweißung mindestens 60 kg/mm² betragen würden. Auch stünden die Spannungslinien im Bereich der höchsten Spannungen in guter Übereinstimmung mit den Bruchflächen der Risse, die seinerzeit in der Hardenbergbrücke am Zoo in Berlin vor der Belastung entstanden sind. Die Zugkräfte, die in den Probestücken in der Längsrichtung vor dem Zerteilen wirksam waren, betrugen nach Malisius

bei Hand-Lichtbogenschweißung etwa 55 t und
bei Ellira-Schweißung etwa 120 t.

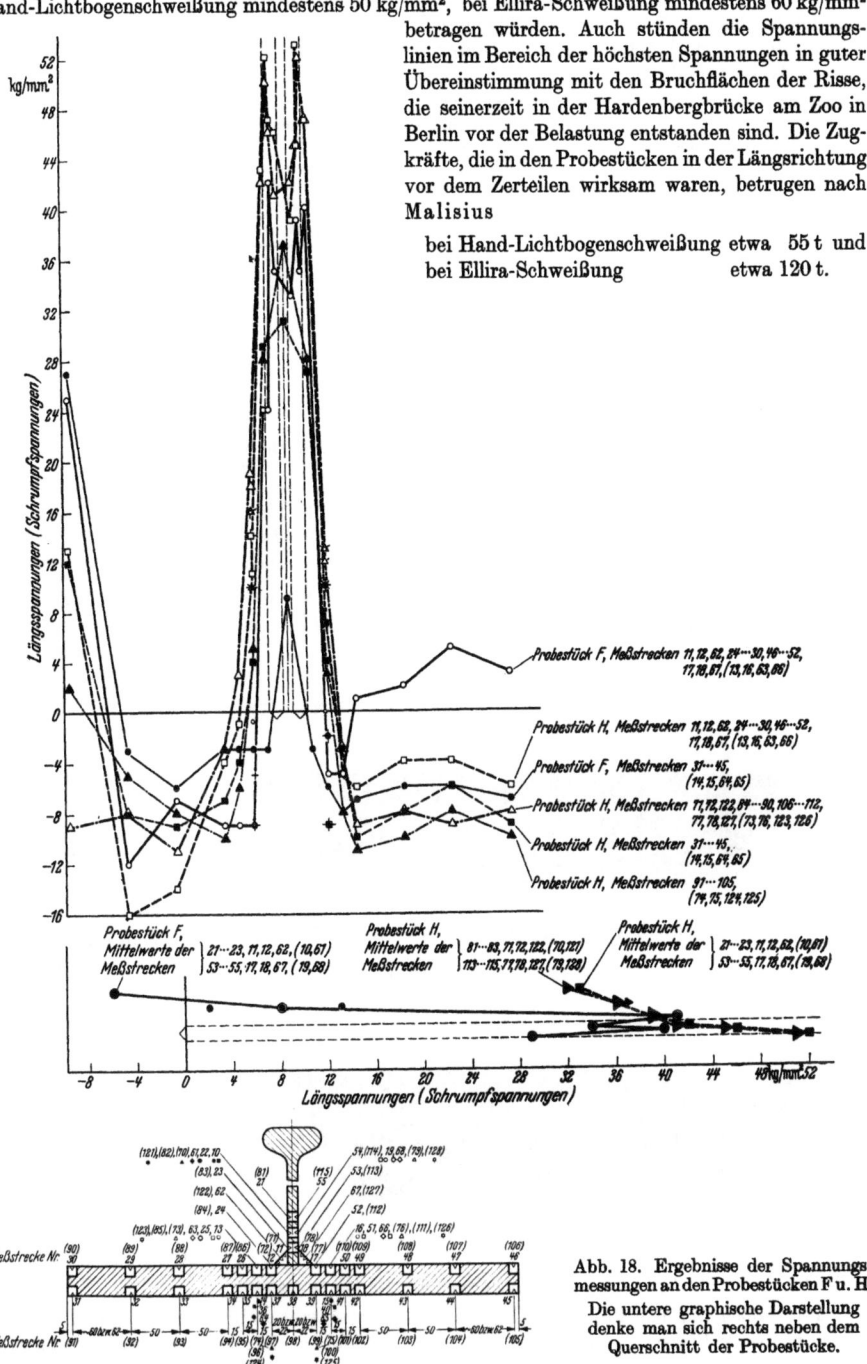

Abb. 18. Ergebnisse der Spannungsmessungen an den Probestücken F u. H. Die untere graphische Darstellung denke man sich rechts neben dem Querschnitt der Probestücke.

Bemerkenswert ist weiterhin, daß die Schrumpfspannungen schon weitgehend ausgelöst waren, nachdem die 78 mm langen Abschnitte mit den Meßstrecken abgeschnitten, die Flachwulststähle dicht über den Kehlnähten (9 mm über den 29 mm dicken Blechen) abgesägt und die 29 mm dicken Bleche auf eine Breite von rd. 250 mm gebracht waren. An den Meßstrecken 122 bis 127 des Probestücks H wurde z. B. festgestellt:

Meßstrecken	Rechnungsmäßige Zugspannungen, die ausgelöst wurden		
	bis zu dem vorstehenden Zustand (29 mm dicke Bleche 250 mm breit) kg/mm²	bis zur Zerlegung in rd. 10 mm breite und hohe Probestreifen kg/mm²	bis zum Schmälerhobeln der Probestreifen auf 6 bis 7 mm Breite
122[1]	47	46	42
123[2]	27	16	—
124[3]	19	10	—
125[2]	14	10	—
126[2]	17	12	—
127[1]	42	45	38

[1] Auf der Mitte der Kehlnähte.
[2] Oben am 29 mm dicken Blech mit 20 bis 25 mm Abstand von den Kehlnähten.
[3] Unten am 29 mm dicken Blech, den Meßstrecken 123 und 126 gegenüberliegend.

Die hohen Zugspannungen im Blech an den Meßstrecken 30 und 31 sind wahrscheinlich durch Brennschnitte entstanden, die beim Abtrennen der Bleche von den Blechtafeln vor dem Schweißen ausgeführt wurden. Die Spannungen in den Brennschnitten selbst werden noch wesentlich höher gewesen sein.

2.333. Biegeversuche nach Abb. 6. Aus den Probestücken A bis G und J wurden sodann je zwei 250 mm breite Biegeproben wie zu den Versuchen unter 2.2 entnommen. Da die ellirageschweißten Kehlnähte zum Teil sehr verschieden hoch waren, wurde bei den Proben von den Probestücken A, C und namentlich J nur eine Kehlnaht abgearbeitet; die abgearbeitete „Höhe" betrug für das Probestück J 3 und 5 mm, sonst 0,5 bis 3 mm.

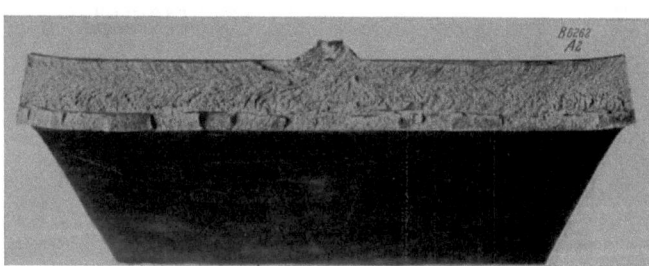

Abb. 19. Bruchfläche einer Biegeprobe aus dem Probestück A.

Abb. 20. Bruchfläche einer Biegeprobe aus dem Probestück B.

Bei den Biegeversuchen, die etwa zwei Monate nach der Schweißung der Probestücke durchgeführt wurden, war der Durchmesser des Biegestempels $D = 90$ mm und die lichte Weite zwischen den Auflagerollen (mit 100 mm Durchmesser) 210 mm.

Die Ergebnisse der Biegeversuche sind aus der Zahlentafel 6 ersichtlich. Abb. 19 bis 25 zeigen Bruchstellen von Proben.

Die Biegeversuche brachten im wesentlichen folgende Erkenntnisse:

a) Die Proben von dem Probestück E, dessen Flachwulststahl 0,015 % Aluminium enthielt, hatten höhere bleibende Biegewinkel beim 1. Anriß in den Kehlnähten (20 gegen 13 Grad) und beim Bruch

Versuche von 1942 bis 1944 im Institut für Bauforschung Stuttgart.

Abb. 22. Bruchstelle einer Biegeprobe aus dem Probestück J.

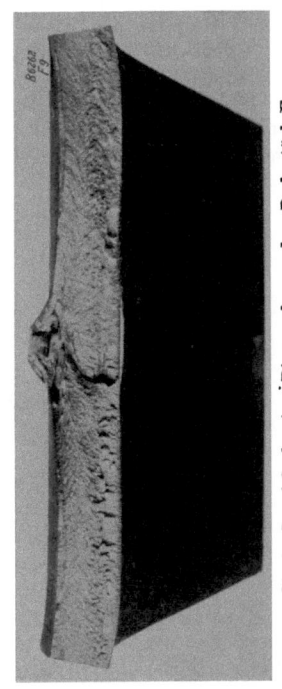

Abb. 24. Bruchfläche einer Biegeprobe aus dem Probestück F.

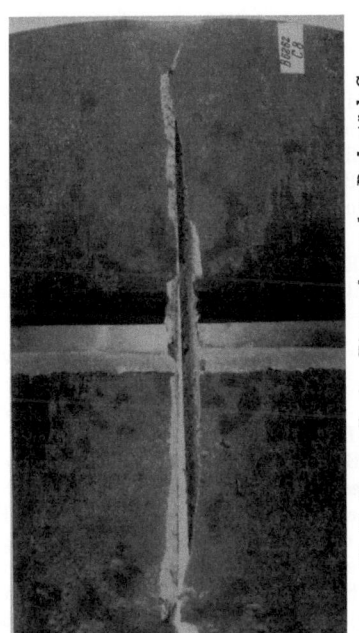

Abb. 21. Bruchstelle einer Biegeprobe aus dem Probestück C.

Abb. 23. Bruchstelle einer Biegeprobe aus dem Probestück F.

(77 gegen 47 Grad) als die Proben von dem Probestück A, dessen Flachwulststahl kein Aluminium enthielt. Deshalb ist bei diesen Biegeversuchen nur ein unmittelbarer Vergleich der Probestücke A, D und F und der Probestücke B, C, E, J und G möglich.

b) Bei Hand-Lichtbogenschweißung mit dickumhüllten Schweißdrähten (Probestück F) sind die Biegewinkel etwas größer ausgefallen als bei Ellira-Schweißung mit Doppelkopf und Schweißdrähten Unionlind II (Probestück A). Die Unterschiede sind jedoch nicht bedeutend.

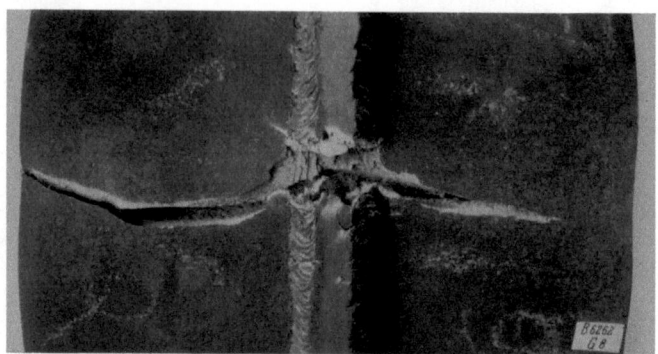

Abb. 25. Bruchstelle einer Biegeprobe aus dem Probestück G.

c) Bei Hand-Lichtbogenschweißung mit Seelen-Schweißdrähten (Probestück G) sind dagegen die bleibenden Biegewinkel wesentlich niedriger ausgefallen als bei Ellira-Schweißung mit Doppelkopf und Schweißdrähten Unionlind II (Probestück E) und auch noch niedriger — besonders beim 1. Anriß in den Kehlnähten und im Blech — als bei Ellira-Schweißung mit Schweißdrähten Unionlind I (Probestück B) und Fließ (Probestück C).

d) Bei den Düsenabständen von 110 mm und 15 mm bei Ellira-Schweißung mit Doppelkopf entstanden annähernd die gleichen Biegewinkel.

e) Bei Ellira-Schweißung mit Doppelkopf sind die Biegewinkel bis zum 1. Anriß in den Kehlnähten und im Blech mit den drei Schweißdrähten Unionlind I und II, sowie Fließ annähernd gleich groß ausgefallen. Der Biegewinkel bis zum Bruch nahm dagegen in der Reihenfolge Unionlind I, Fließ und Unionlind II zu (von 57° auf 64° und 77°).

f) Mit dem Ellira-Einfachkopf (Probestück J) ergaben sich wieder etwas größere Biegewinkel als mit dem Ellira-Doppelkopf (Probestück E).

2.334. „Zugversuche" nach Abb. 26. Zur Ermittlung des Widerstands der Kehlnähte gegen das Abheben der Flachwulststähle von den 29 mm dicken Blechen wurden 35 mm breite Proben von den Probestücken A, B, C, D, F und G „Zugversuchen" nach Abb. 26 unterworfen. Bei diesen Versuchen brachen nur bei den Proben von dem Probestück G die Kehlnähte (Hand-Lichtbogenschweißung mit Seelenelektroden), sonst die 12 mm dicken Flachwulststähle. Die Dicke der Kehlnähte ist nachstehend angegeben.

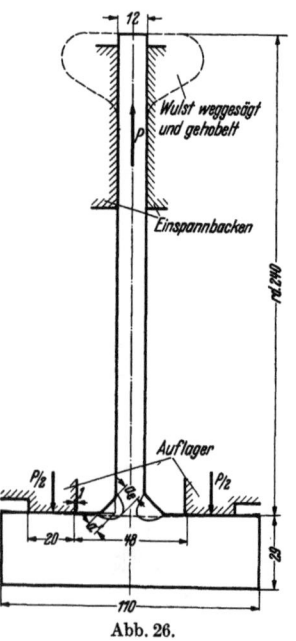

Abb. 26.

Der Einbrand war bei Ellira-Schweißung sehr verschieden; vgl. auch Abb. 13 und 15. Er war aber immer deutlich größer als bei Hand-Lichtbogenschweißung. Die rechnungsmäßigen Zugspannungen der Kehlnähte bei der Höchstlast sind in den Spalten 4 und 5 der Zahlentafel 7 wiedergegeben.

Versuche von 1942 bis 1944 im Institut für Bauforschung Stuttgart.

Bezeichnung der Probestücke	Probe	Dicke der Kehlnähte			
		ohne Berücksichtigung des Wurzeleinbrands[1]		mit Berücksichtigung des Wurzeleinbrands[2]	
		Kehlnaht 1 a'_1 mm	Kehlnaht 2 a'_2 mm	Kehlnaht 1 a_{e_1} mm	Kehlnaht 2 a_{e_2} mm
A	4	5,1	6,0	8,0	10,6
	10	4,8	5,4	6,5	10,1
B	4	5,8	5,1	9,4	7,4
	10	5,6	5,3	10,6	7,8
C	4	5,7	5,0	9,9	6,9
	10	5,0	4,6	—	—
D	4	5,3	5,7	—[3]	—[3]
	10	5,6	6,2		
F	3	9,0	7,8	10,0	8,9
	6	8,7	8,4	10,0	8,9
G	4	8,1	8,2	8,8	8,8
	10	7,4	8,5	8,6	9,0

[1] Mit einem Schweißnahtdickenmesser nach Schmuckler gemessen; Neigung des Meßschiebers zur Blechoberfläche: 45°.
[2] An den gehobelten Schmalflächen der Proben gemessen.
[3] Die beiden Kehlnähte waren miteinander verschmolzen, vgl. Abb. 14.

Da die Schweißnähte in der Regel nicht brachen, ist nur ersichtlich, daß bei den Ellira-Schweißungen und bei der Hand-Lichtbogenschweißung mit dickumhüllten Schweißdrähten höhere Festigkeiten als bei der Hand-Lichtbogenschweißung mit Seelendrähten entstanden.

2.335. Kerbschlagversuche. Weiterhin wurde die Kerbschlagzähigkeit des Schweißnahtwerkstoffs der Kehlnähte an den Probestücken A, B, C, D, F, G und H festgestellt. Die Proben wurden nach Abb. 27 entnommen. Da bei Anwendung der DVM-Probe der Kerb nicht zuverlässig bis in die Schweißnaht hineingereicht hätte, wurde die ISA-Kerbschlagprobe mit 5 mm tiefem Kerb gewählt, die sich von der DVM-Probe mit 3 mm tiefem Kerb nur in der Kerbtiefe unterscheidet.

Die Ergebnisse der Kerbschlagversuche sind aus den Spalten 10 bis 12 der Zahlentafel 7 ersichtlich. Demnach war die Kerbschlagzähigkeit der Kehlnähte A und D, die mit Ellira-Schweißung und Schweißdrähten Unionlind II hergestellt waren, am höchsten und ebenso hoch wie die Kerbschlagzähigkeit der 29 mm dicken Bleche. Die Kerbschlagzähigkeit der Kehlnähte, die mit Ellira-Schweißung und Schweißdrähten Unionlind I bzw. Fließ und mit Hand-Lichtbogenschweißung und dickumhüllten Schweißdrähten hergestellt waren, waren unter sich annähernd gleich und etwa 25% niedriger als bei Verwendung von Schweißdrähten Unionlind II. Weitaus am niedrigsten ist die Kerbschlagzähigkeit der Kehlnähte ausgefallen, die mit Hand-Lichtbogenschweißung und Seelendrähten gefertigt wurden.

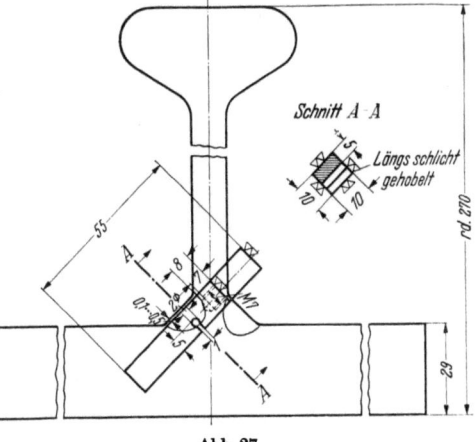

Abb. 27.

2.336. Härteprüfungen. Wichtig war sodann noch, die Härte des Schweißnahtwerkstoffs und der Übergangszone vom Schweißnahtwerkstoff zum Grundwerkstoff zu kennen. Die Ergebnisse der Härteprüfungen, die mit dem Rollhärteprüfgerät „Rolldur" nach Hauttmann durchgeführt wurden, sind in den Spalten 14 bis 16 der Zahlentafel 7 wiedergegeben.

Der Schweißnahtwerkstoff der ellirageschweißten Kehlnähte ist mit einer mittleren Härte von 180 (Fließ) bis 200 kg/mm² (Unionlind I) nur wenig härter als der Schweißnahtwerkstoff der mit dickumhüllten Schweißdrähten hand-lichtbogengeschweißten Nähte (165 kg/mm²).

Die Aufhärtung der Übergangszone ist bei Ellira-Schweißung wesentlich geringer als bei Hand-Lichtbogenschweißung[1].

2.337. Untersuchung von ellirageschweißten Kehlnähten nach Rissen und anderen Fehlstellen. Schließlich wurden noch eine 43 mm lange Probe von dem Probestück E und eine 85 mm lange Probe von dem Probestück J nach Rissen und anderen Fehlstellen in den Kehlnähten und im Übergang von den Kehlnähten zum 29 mm dicken Blech sowie zum Flachwulststahl untersucht. Die ebenen polierten und geätzten Prüfflächen waren parallel zu den Walzflächen des Stegs der Flachwulststähle. Ihr gegenseitiger Abstand betrug 1 mm, ausnahmsweise 0,5 mm. Die Untersuchung der Flächen wurde bei 200facher Vergrößerung vorgenommen. Bei beiden Proben wurden Poren im Schweißnahtwerkstoff sichtbar. Risse wurden dagegen nicht gefunden.

2.34. Aufschweißbiegeversuche.

Die Aufschweißbiegeproben wurden acht Wochen nach ihrer Herstellung mit einem Rundungsdurchmesser des Biegestempels $D = 90$ mm und einer lichten Weite zwischen den Auflagerrollen (mit 100 mm Durchmesser) von $W = 174$ mm bei einer Versuchstemperatur von 16 bis 17°C dem Biegeversuch unterworfen. Die Ergebnisse der Aufschweißbiegeversuche sind in der Zahlentafel 8 niedergelegt. Abb. 28 bis 30 zeigen Aufschweißbiegeproben nach dem Versuch.

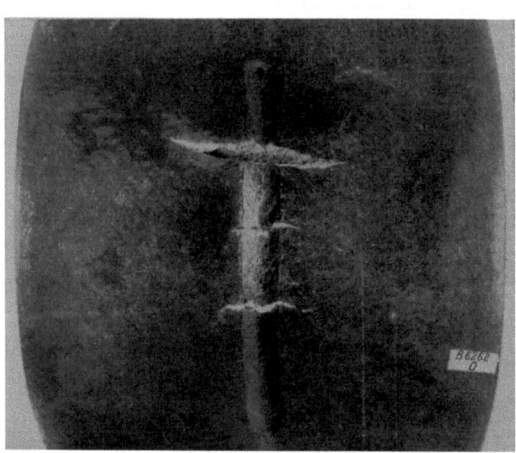

Abb. 28. Aufschweißbiegeprobe O am Schluß des Biegeversuchs; Hand-Lichtbogenschweißung mit dickumhüllten Schweißdrähten.

Auch bei den Aufschweißbiegeversuchen sind die Biegewinkel bei Hand-Lichtbogenschweißung mit dickumhüllten Schweißdrähten größer ausgefallen als bei Ellira-Schweißung mit Schweißdrähten Unionlind II. Der Unterschied ist bei den Aufschweißbiegeversuchen größer als bei den Biegeversuchen nach Abb. 6 unter 2.333. Inwieweit daran die Abweichung von den Richtlinien bei der Herstellung der Aufschweißbiegeproben, die Verwendung von Schweißdrähten mit 4 mm Durchmesser statt solcher mit 5 mm Durchmesser, beteiligt war, muß zunächst dahingestellt bleiben.

Auch die Hand-Lichtbogenschweißung mit Seelenelektroden schnitt im Vergleich zu den Ellira-Schweißungen bei den Aufschweißbiegeproben besser ab als bei den Biegeversuchen nach Abb. 6.

Weitere Folgerungen sind nicht möglich, weil mit Ellira-Schweißung nur zwei einzelne Proben zur Verfügung standen, weil überdies die Schweißraupe der Aufschweißbiegeprobe S eine Fehlstelle aufwies und weil die Ergebnisse der Biegeversuche nach Abb. 6 unter 2.333 durch den Gehalt an Aluminium der Flachwulststähle beeinflußt wurden.

---

[1] Da die mit Seelendrähten geschweißten Kehlnähte sehr porös waren, ist wahrscheinlich die Härte des Schweißguts, die in der Spalte 14 der Zahlentafel 7 für das Probestück G angegeben ist, nicht zutreffend.

3. Zusammenfassung.

Die Versuche unter 1 und besonders die unter 2 brachten im wesentlichen die folgenden Erkenntnisse:

3.1. Bei den Ellira-Schweißungen waren die Längsschrumpfungen wesentlich größer und die Querschrumpfungen wesentlich kleiner als bei den Hand-Lichtbogenschweißungen mit dickumhüllten Schweißdrähten und mit Seelendrähten, vgl. die S. 22 und 27.

3.2. Die höchsten Schrumpfzugspannungen von „Stumpfnähten" an 42 mm dicken Blechen aus St 52 waren nach den Versuchen von Albers bei Ellira-Schweißung in der Längsrichtung der Nähte größer und senkrecht zu den Nähten wesentlich kleiner als bei Hand-Lichtbogenschweißung mit dickumhüllten Schweißdrähten, vgl. S. 20. Dagegen waren bei den Versuchen unter 2.1 die höchsten Schrumpfzugspannungen der Stumpfnähte an 14 mm dicken Blechen aus St 52 bei Ellira-Schweißung sowohl in der Längsrichtung als auch in der Querrichtung kleiner als bei Hand-Lichtbogenschweißung mit dickumhüllten Schweißdrähten, vgl. S. 22 bis 25.

3.3. Die Höchstwerte der Schrumpfzugspannungen der Kehlnähte in der Längsrichtung an den T-förmigen Probestücken nach Abb. 12 aus St 52 waren bei Ellira-Schweißung mit 53 kg/mm² um 25% höher als bei Hand-Lichtbogenschweißung mit dickumhüllten Schweißdrähten (42 kg/mm²), vgl. S. 34 bis 36. Ob und inwieweit die höheren Schrumpfzugspannungen von Ellira-Schweißungen die Sicherheit von Stahlbauwerken aus hinreichend schweißunempfindlichen Stählen beeinträchtigen, kann zur Zeit noch nicht angegeben werden.

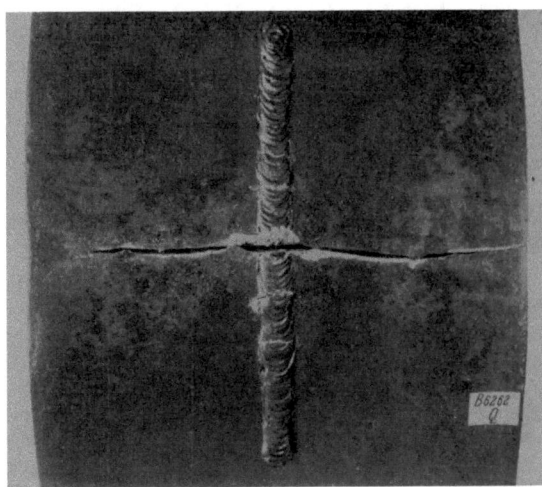

Abb. 29. Aufschweißbiegeprobe Q nach dem Bruch.
Hand-Lichtbogenschweißung mit Seelenschweißdrähten.

3.4. Die inneren Zugkräfte infolge der Schrumpfspannungen waren mit Ellira-Schweißung sowohl bei Stumpfnähten als auch bei Kehlnähten an St 52 wesentlich größer als mit Hand-Lichtbogenschweißungen mit dickumhüllten Schweißdrähten, vgl. S. 25 und 35 sowie die Abb. 4 und 18.

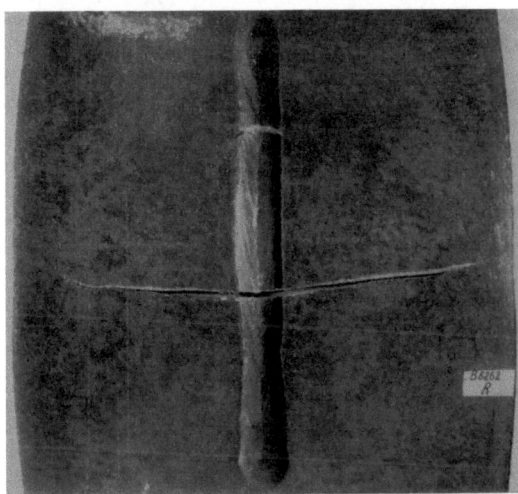

Abb. 30. Aufschweißbiegeprobe R nach dem Bruch.
Ellira-Schweißung mit Einfachkopf und Schweißdrähten
Unionlind II.

3.5. Nach den Ergebnissen der Zugversuche und der Faltversuche mit Proben mit längslaufender und querlaufender Stumpfnaht sowie mit Proben mit „Kehlnähten" bestanden, wenn man von den hohen Schrumpfzugspannungen längs zur Naht absieht, keine Bedenken gegen die Anwendung der Ellira-Schweißung bei Bauteilen, die vorwiegend ruhende Belastungen zu übertragen hatten. Es war allerdings zu beachten, daß die Ellira-Schweißungen nach den Ergebnissen der Biegeversuche nach Bild 6 und der Aufschweißbiegeversuche schweißunempfindlichere Stähle forderten als die Hand-Lichtbogenschweißungen mit dickumhüllten Schweißdrähten.

3.6. Die **Aufhärtung** des St 52 war bei Ellira-Schweißung wesentlich geringer als bei Hand-Lichtbogenschweißung, vgl. S. 20, 29 und 40 mit Zahlentafel 7 (Spalten 14 bis 16).

3.7. Die **Kerbschlagzähigkeit des Schweißnahtwerkstoffs** war bei Ellira-Schweißungen nach den Ergebnissen der ersten Versuche niedriger, nach den Ergebnissen der letzten Versuche unter 2.3 mit Verwendung von neuentwickelten Schweißdrähten gleich oder etwas höher als bei Hand-Lichtbogenschweißung mit dickumhüllten Schweißdrähten. Letzteres ist besonders bemerkenswert, weil bei der Hand-Lichtbogenschweißung der Kerbgrund in dem Teil des Schweißnahtwerkstoffs lag, der durch die Decklage geglüht wurde. Durch Spannungsfreiglühen und Normalglühen konnte die Kerbschlagzähigkeit des Schweißnahtwerkstoffs von Ellira-Schweißungen und von Hand-Lichtbogenschweißungen mit dickumhüllten Schweißdrähten gesteigert werden, vgl. S. 20 und 21.

Die Kerbschlagzähigkeit des Schweißnahtwerkstoffs von Hand-Lichtbogenschweißungen mit Seelendrähten war beträchtlich niedriger als die Kerbschlagzähigkeit des Schweißnahtwerkstoffs der Ellira-Schweißungen, vgl. Zahlentafel 7.

3.8. Bei den **Biegeversuchen nach Bild 6** waren die Biegewinkel a_R und a_G mit Ellira-Schweißungen und Hand-Lichtbogenschweißungen mit dickumhüllten Schweißdrähten nur wenig verschieden; dagegen waren die Bruchbiegewinkel a bei den Versuchen mit den 42 mm dicken Breitflachstählen aus St 52 unter 2.2 mit Ellira-Schweißung deutlich kleiner. Bei den Versuchen unter 2.3 mit den 29 mm dicken Blechen aus St 52 sind dann durch Verwendung „weicherer" Schweißdrähte für die Ellira-Schweißung die Unterschiede hinsichtlich der Bruchbiegewinkel klein ausgefallen, so daß bei weiterer Anpassung der Schweißdrähte auch bei Ellira-Schweißungen mit Doppelkopf ein vollständiger Ausgleich erwartet werden kann. Wenn Stahl mit ausreichender Schweißunempfindlichkeit zur Verfügung steht, sind die Unterschiede bei Verwendung der Schweißdrähte Unionlind II von geringer Bedeutung.

Bei den Ellira-Schweißungen mit Doppelkopf wurden mit den drei Schweißdrahtsorten unterschiedliche Bruchbiegewinkel, davon die höchsten mit Schweißdraht Unionlind II, erzielt.

3.9. Mit **Hand-Lichtbogenschweißung mit Seelendrähten sind bei den Biegeversuchen mit den 29 mm dicken Blechen** unter 2.3 sowohl die Biegewinkel a_R und a_G bis zum ersten Anriß als auch die Bruchbiegewinkel deutlich kleiner ausgefallen als mit Ellira-Schweißungen.

3.10. Bei den **Aufschweißbiegeversuchen** mit den 29 mm dicken Blechen aus St 52 unter 2.34 lieferte die Ellira-Schweißung mit Schweißdrähten Unionlind II deutlich kleinere Biegewinkel bis zum ersten Anriß und bis zum Bruch als die Hand-Lichtbogenschweißung mit dickumhüllten Schweißdrähten. Die Biegewinkel bei Hand-Lichtbogenschweißungen mit Seelendrähten waren bis zum ersten Anriß kleiner und bis zum Bruch größer als die entsprechenden Biegewinkel bei Ellira-Schweißung mit Unionlind II, vgl. Zahlentafel 8. Die Aufschweißbiegeversuche und die Biegeversuche nach Bild 6 brachten also nicht durchweg gleichlaufende Ergebnisse. Es ist anzunehmen, daß dabei die Schrumpfspannungen, die in den Aufschweißbiegeproben noch in voller Größe vorhanden, bei den Biegeproben nach Bild 6 aber weitgehend ausgelöst waren, eine Rolle spielten. Ob und inwieweit die Ergebnisse der Aufschweißbiegeversuche dadurch beeinflußt wurden, daß die Schweißraupen bei den Hand-Lichtbogenschweißungen mit Drähten von 4 mm statt 5 mm Durchmesser niedergeschmolzen wurden, muß zunächst dahingestellt bleiben. Weiterhin ist hervorzuheben, daß sich mit Ellira-Schweißung kleinere Biegewinkel als mit Hand-Lichtbogenschweißung mit dickumhüllten Schweißdrähten ergaben, obwohl die Aufhärtung der Bleche bei Ellira-Schweißung wesentlich kleiner war als bei Hand-Lichtbogenschweißung.

Zahlentafel 1.

Schweiß-verfahren	Zugversuche								Faltversuche bei querlaufender Stumpfnaht; bleibender Biegewinkel bis zum 1. Anriß, Grad		Kerbschlagversuche mit Kerb im Schweißgut; Versuchstemperatur + 20° C;		
	bei längslaufender Stumpfnaht Zugspannungen im Blech, kg/mm²				Bruch-dehnung für $l_0 = 300$ mm %		bei querlaufender Stumpfnaht; Zugspannungen im Blech bei der Höchstlast kg/mm²				Kerbschlag-zähigkeit, mkg/cm²		Bruch-flächen
	beim 1. Anriß in den Wulsten der Stumpfnaht		bei der Höchstlast										
	Einzel-werte	Mittel-wert	Einzel-werte	Mittel-wert	Einzel-werte	Mittel-wert	Einzel-werte	Mittel-wert	Einzel-werte	Mittel-wert	Einzel-werte	Mittel-wert	
Ellira-Schweißung	47,9 46,0	46,9	55,7 56,0	55,8	24 18	21	58,2 58,3	58,2[1]	>144 93	>118	5,3 6,0 6,2 5,2	5,7	körnig und kristallinisch glänzend
Hand-Lichtbogen-schweißung	52 52	52	55,9 55,2	55,5	17 16	16	54,9 55,8	55,3[2]	83 77	80	7,5 8,0 7,9 9,5	8,2	am Kerbgrund auf 2 bis 5 mm Höhe mattgrau und sehnig[3]

[1] Bruch im Blech neben der Stumpfnaht. [2] Bruch der Stumpfnaht. [3] Sonst körnig und kristallinisch glänzend

Zahlentafel 2.

Bezeichnung der Probestücke	Dicke der Bleche bzw. Breitflachstähle s mm	Breite b mm	Schweiß-verfahren	Schweiß-drähte	Zahl der Lagen	Weitere Angaben über die Schweißung der Kehlnähte	Dicke der Kehlnähte a mm
1 E	19	rd. 450	Ellira-Schweißung mit Doppelkopf	EM IV; 6 mm Durchmesser	1	Stromstärke: 2×710 A; Spannung: 30 V; Schweißpulver: Normal, Körnung 3; Schweißgeschwindigkeit: 550 mm/min; Schweißdrahtvorschub: 750 mm/min	5
2 M	18	rd. 450	Hand-Lichtbogenschweißung; Gleichstrom	Rex-Universal-Rheinmetall-Borsig 5 mm Durchmesser; dickumhüllt	2	fortlaufend	5,5
3 S	18	rd. 450	„	KVA (Böhler); 5 mm Durchmesser; Seelenelektrode	1	Pilgerschritt	5
4 E	42	rd. 650	Ellira-Schweißung mit Doppelkopf	EM IV; 6 mm Durchmesser	1	Stromstärke: 2×700 A; Spannung: 30 V; Schweißpulver: Normal, Körnung 3; Schweißgeschwindigkeit: 450 mm/min; Schweißdrahtvorschub: 750 mm/min	6,5
5 M	42	rd. 650	Hand-Lichtbogenschweißung; Gleichstrom	Wie bei Probestück 2 M	2	fortlaufend	8
6 S	42	rd. 550	Ellira-Schweißung mit Einfachkopf	5525; 6 mm Durchmesser	1	Stromstärke: 710 bis 720 A; Spannung: 31 V; Schweißpulver: Normal, Körnung 3; Schweißgeschwindigkeit: etwa 450 mm/min; Schweißdrahtvorschub: 750 mm/min; Wannenlage; Schweißung der beiden Kehlnähte mit 1 Tag Abstand	6,5

Versuche mit Ellira-Schweißungen.

Zahlentafel 3.

Bezeichnung der Probestücke	Dicke der Bleche bzw. Breitflachstähle mm	Schweißverfahren	Schweißdrähte	Bleibender Biegewinkel[1], Grad						Zustand am Schluß der Biegeversuche[2]	Bruchart der Bleche bzw. Breitflachstähle
				bis zum 1. Anriß				am Schluß des Biegeversuchs a			
				in den Kehlnähten a_R		im Grundwerkstoff a_G					
				Einzelwerte	Mittelwerte	Einzelwerte	Mittelwerte	Einzelwerte	Mittelwerte		
1 E	19	Ellira mit Doppelkopf	EM IV	8 7 11	9	20 — 13	≈16	113 110 113	112	Ng Ng Ng	(Mischbruch) „ „
2 M	18	Hand-Lichtbogen	Dickumhüllte Schweißdrähte	31 23 18	24	35 36 43	38	94 106 124	108	G Ng Ng	Mischbruch (Verformungsbruch) (Mischbruch)
3 S	18	Hand-Lichtbogen	Seelenschweißdrähte	5 3 5	4	54 29 33	39	117 111 115	114	Ng Ng Ng	(Verformungsbruch) „
4 E	42	Ellira mit Doppelkopf	EM IV	5 11 13	10	(30)		50 18 22	30	G G G	Mischbruch Trennbruch „
6 S	42	Ellira mit Einfachkopf	5525	14 12 8	11	(19) 18 12	16	19 25 67	37	G G G	Trennbruch „ Mischbruch
5 M	42	Hand-Lichtbogen	Dickumhüllte Schweißdrähte	18 12 14	15	— 23 19	21	86 49 42	59	G G G	Mischbruch Trennbruch „

[1] Bei den Proben von den Probestücken 1 E, 2 M und 3 S mit 18 mm dicken Blechen Rundungsdurchmesser des Biegestempels $D = 60$ mm und lichte Weite zwischen den Auflagerollen mit 100 mm Durchmesser $W = 150$ mm; bei den Proben von den Probestücken 4 E, 6 S und 5 M mit 42 mm dicken Breitflachstählen Rundungsdurchmesser des Biegestempels $D = 120$ mm und lichte Weite zwischen den Auflagerollen mit 100 mm Durchmesser $W = 290$ mm. Versuchstemperatur: 15 bis 19° C. [2] Ng = nicht gebrochen; G = gebrochen.

Zahlentafel 4. Angaben über die Schweißung der Probestücke nach Abb. 12.

1	2	3	4	5	6	7	8	9
Bezeichnung des Probestücks	Schweißverfahren	Lage des Probestücks bei der Schweißung	Düsenabstand mm	Schweißdrahtsorte	Durchmesser des Schweißdrahts mm	Schweißstrom		Vorschub mm/min
						Spannung V	Stromstärke A	
A u. H	Ellira-Schweißung mit Doppelkopf		110	Unionlind II	5	32	550	420
B	Ellira-Schweißung mit Doppelkopf		110	Unionlind I	5	32	550	420
C	Ellira-Schweißung mit Doppelkopf		110	Fließ	5	32	550	420
D	Ellira-Schweißung mit Doppelkopf		15	Unionlind II	5	32	550	420
E	Ellira-Schweißung mit Doppelkopf		110	Unionlind II	5	32	550	420
F	Lichtbogen-Handschweißung		—	SH gelb T	1. Lage: 4 2. Lage: 5 3. Lage: 6	28 30 32	190 250 340	—
G	Lichtbogen-Handschweißung		—	Elite KVB	4	20	170	—
J	Ellira-Schweißung mit Einfachkopf E II a S		—	Unionlind II	5	32	550	420

Versuche von 1942 bis 1944 im Institut für Bauforschung Stuttgart.

Zahlentafel 5.

Bezeichnung der Probestücke	Schweißverfahren	Schweißdrahtsorte	Gruppe der Meßstrecken	Seite der Probestücke	Schrumpfzugspannungen									
					im 29 mm dicken Blech neben den Kehlnähten (Meßstrecken 24 u. 52 bzw. 84 u. 112)		in den Kehlnähten neben dem 29 mm dicken Blech (Meßstrecken 12 u. 17 bzw. 72 u. 77)		in der Mitte der Kehlnähte (Meßstrecken 62 u. 67 bzw. 122 u. 127)		in den Kehlnähten neben dem Steg des Flachwulststahls (Meßstrecken 11 u. 18 bzw. 71 u. 78)		im Steg des Flachwulststahls neben den Kehlnähten (Meßstrecken 23 u. 53 bzw. 83 u. 113)	
					Einzelwerte kg/mm²	Mittelwerte kg/mm²	Einzelwerte kg/mm²	Mittelwerte kg/mm²	Einzelwerte kg/mm²	Mittelwerte kg/mm²	Einzelwerte kg/mm²	Mittelwerte kg/mm²	Einzelwerte kg/mm²	Mittelwerte kg/mm²
F	Hand-Lichtbogenschweißung	SH gelb T (dickummantelt)		Vorn	24	32	24	29	42	40	35	34	40	41
				Hinten	40		35		39		33		42	
H	Ellira-Schweißung mit Doppelkopf; 110 mm Düsenabstand	Unionlind II	Linke	Vorn	43	45	52	52	46	43	46	42	40	39
				Hinten	47		53		40		39		39	
						45		51		41		41		39
			Rechte	Vorn	42	45	49	50	42	40	38	40	41	39
				Hinten	49		51		38		42		38	

Zahlentafel 6. *Biegeversuche mit den Proben von den Probestücken nach Abb. 12.*

Bezeichnung der Probestücke	Schweißverfahren	Schweißdrahtsorte	Düsenabstand mm	Bleibender Biegewinkel, Grad[1]						Bruchart		Al-Gehalt der Flachwulststähle %
				bis zum 1. Anriß				bis zum Bruch a		der Kehlnähte	des 29 mm dicken Blechs	
				in den Kehlnähten a_R		im 29 mm dicken Blech a_G						
				Einzelwerte	Mittelwerte	Einzelwerte	Mittelwerte	Einzelwerte	Mittelwerte			
A	Ellira mit Doppelkopf	Unionlind II	110	9 17	13	55 40	47	55 40	47	Trennbruch Trennbruch	Trennbruch Trennbruch	Spuren
B		Unionlind I	110	24 25	24	63 42	52	63 51	57	Mischbruch Trennbruch	Trennbruch Trennbruch	0,034
C		Fließ	110	8 36	22	48 61	54	48 80	64	—	Trennbruch	0,034
D		Unionlind II	15	19 14	16	35 43	39	60 49	54	Trennbruch Trennbruch	Mischbruch Trennbruch	Spuren
E		Unionlind II	110	11 29	20	38 53	45	70 84	77	Trennbruch	Mischbruch	0,015
J	Ellira mit Einfachkopf	Unionlind II	—	28 39	33	33 54	43	77 108	92	Trennbruch Trennbruch	Mischbruch Mischbruch	0,034
F	Hand-Lichtbogen	SH Gelb T (dickumhüllt)	—	18 24	21	38 62	50	49 73	61	Mischbruch Mischbruch	Trennbruch Trennbruch	Spuren
G		Elite KVB (mit Seele)	—	3 6	4	14 25	19	38 65	51	Trennbruch	Mischbruch	0,037

[1] Versuchstemperatur: 16 bis 18° C.

Zahlentafel 7. *Ergebnisse der Zug- und der*

1	2	3	4	5	6	7
			Zugversuche mit den Proben nach Abb. 26 Temperatur der Luft im Versuchsraum: 17 °C			
Bezeichnung der Probestücke	Nr. der Proben	Höchstlast max P	Rechnungsmäßige Zugspannungen bei der Höchstlast max P in den Kehlnähten			Gebrochener Teil und Lage der Bruchstellen
			auf die Dicken a_1' u. a_2' [1] bezogen max ϱ_a'	auf die Dicken a_{e1} u. a_{e2} [2] bezogen max ϱ_{ae}	im Steg des Flachwulststahls max σ_z	
		t	kg/mm²	kg/mm²	kg/mm²	
A	4	23,5	60,2	36,2	53,8	Steg des Flachwulststahls
	10	23,55	65,6	40,3	53,8	
B	4	21,7	56,6	36,8	51,0	Steg des Flachwulststahls gebrochen
	10	21,73	56,7	33,6	51,1	
C	4	22,6	60,2	38,0	53,0	Steg des Flachwulststahls gebrochen
	10	22,38	66,2	—	52,6	
D	4	23,7	61,4	—	53,8	Steg des Flachwulststahls gebrochen
	10	23,65	56,4	—	54,2	
F	3	23,34	39,5	35,0	53,8	Steg des Flachwulststahls gebrochen
	6	23,65	39,2	35,2	53,6	
G	4	20,9	36,5	33,8	—	Kehlnähte gebrochen; an Bruchflächen Poren und Gasblasen sichtbar; mangelhafter Einbrand
	10	20,15	36,0	32,5	—	
H	—	—	—	—	—	—

[1] a_1' u. a_2' = Gemessene äußere Dicke der Kehlnähte, ohne Berücksichtigung des Wurzeleinbrands.
[2] a_{e1} u. a_{e2} = Gemessene Dicke der Kehlnähte mit Berücksichtigung des Wurzeleinbrands.
[3] Pendelschlagwerk Bauart Losenhausenwerk; Arbeitsstufe 15 mkg.
[4] Vgl. DIN-Vornorm/DVM-Prüfverfahren A 115.

Versuche von 1942 bis 1944 im Institut für Bauforschung Stuttgart.

Kerbschlagversuche sowie der Rollhärteprüfungen.

8	9	10	11	12	13	14	15	16
Kerbschlagversuche[3] mit ISA-Proben[4] Kerb mit 1,0 mm Halbmesser im Schweißnahtwerkstoff					Härteprüfungen mit dem Rollhärteprüfer „Rolldur" nach Hauttmann; Kugeldurchmesser $D = 1{,}59$ mm Kugelbelastung $P = 15$ kg			
Nr. der Proben	Versuchstemperatur	Kerbschlagzähigkeit a_K		Aussehen der Bruchflächen	Nr. der Proben	Kugelrollhärte (Brinell)		
		Einzelwerte	Mittelwerte			des Schweißnahtwerkstoffs der Kehlnähte	der Übergangszone vom Schweißnahtwerkstoff zum Grundwerkstoff des rd. 29 mm dicken Blechs	des Flachwulststahls
	°C	mkg/cm²	mkg/cm²			kg/mm²	kg/mm²	kg/mm²
5	20	8,4	8,3	Rand „sehnig" u. mattgrau; sonst körnig u. kristallinisch glänzend	9	180...200	200...230	180...220
6	20	8,2						
11	17	8,2		Bruch am Grund der Ansatzbohrung				
5	20	5,6	5,5	Rand „sehnig" u. mattgrau; sonst körnig u. kristallinisch glänzend	9	170...230	180...210	170...180
6	20	5,4						
11	17	6,4						
5	20	5,4	5,8	Rand „sehnig" u. mattgrau; sonst körnig u. kristallinisch glänzend	9	180	190...200	170...190
6	20	6,3						
11	17	8,1						
5	20	7,2	7,6	Rand „sehnig" u. mattgrau (bis 1 mm breit); sonst körnig u. kristallinisch glänzend				
6	20	8,0						
11	17	8,5		Rand „sehnig" u. mattgrau (bis 1,5 mm breit); sonst körnig u. kristallinisch glänzend	9	180	190	180...190
4	20	5,9	6,2	Rand „sehnig" u. mattgrau; sonst körnig u. kristallinisch glänzend				
5	20	6,6		Am Kerbgrund 2 mm hoch „sehnig" u. mattgrau; sonst körnig u. kristallinisch glänzend	8	140...190	200...270	180...220
7	17	6,2		Rand „sehnig" u. mattgrau (am Kerbgrund 1 mm hoch); sonst körnig u. kristallinisch glänzend				
5[5]	20	2,4	2,6	Körnig u. kristallinisch glänzend	9	190...240	220...260	190...260
6[6]	20	2,9						
11[7]	17	3,0		Porös, körnig u. teilweise kristallinisch glänzend				
5	20	7,7	—	Rand „sehnig" u. mattgrau; sonst körnig u. kristallinisch glänzend	—	—	—	—

[5] An der Schlagstelle auf rd. 4 mm Breite nicht bearbeitet. Bruch von Bindefehler der Schweißnaht ausgehend.
[6] An der Schlagstelle auf rd. 0,5 mm Breite nicht bearbeitet.
[7] An der Schlagstelle auf rd. 3 mm Breite nicht bearbeitet. Bruch teilweise von Bindefehler ausgehend.

Zahlentafel 8. *Ergebnisse der Aufschweißbiegeversuche.*

Bezeichnung der Proben	Schweißverfahren	Schweißdrahtsorte	Bleibender Biegewinkel, Grad						Zustand am Schluß des Biegeversuchs	Bruchart
			bis zum 1. Anriß				bis zum Schluß des Biegeversuchs, a			
			in den Kehlnähten, a_R		im 29 mm dicken Blech a_G					
			Einzelwerte	Mittelwerte	Einzelwerte	Mittelwerte	Einzelwerte	Mittelwerte		
N	Hand-Lichtbogenschweißung	SH Gelb T, dickumhüllt	49	43	62	58	108	105	nicht gebrochen	(Verformungsbruch)[1]
O			37		54		103			(Mischbruch)[1]
P		Elite KVB (mit Seele)	10	11	20	21	114	83	nicht gebrochen	(Verformungsbruch)[1]
Q			12		23		52		gebrochen	Mischbruch
R	Ellira-Schweißung[2]	Unionlind II	23	—	43	—	57	—	gebrochen	Trennbruch
S[3]		Unionlind I	5	—	23	—	73	—	gebrochen	Mischbruch

[1] Kennzeichen für das Aussehen der Rißflächen.
[2] Mit Einfachkopf E II a s.
[3] Die Schweißraupe dieser Probe wies eine Ungleichmäßigkeit auf, rd. 55 mm vom Querschnitt unter der Laststelle entfernt.

Springer-Verlag / Berlin · Göttingen · Heidelberg

Berichte des Deutschen Ausschusses für Stahlbau.
Herausgegeben vom **Deutschen Stahlbau-Verband**, Köln a. Rh.

Heft 16: **Versuche mit Schraubenverbindungen.** Von **Otto Graf**, Dr.-Ing. E. h., o. Professor an der Technischen Hochschule Stuttgart. Mit 21 Textabbildungen. 19 Seiten. 1951.   DM 4.—

Die folgenden älteren Hefte sind noch lieferbar:

Heft 5: **Dauerversuche mit Nietverbindungen.** Von Professor **Otto Graf**, Stuttgart. Mit 69 Textabbildungen und 7 Zusammenstellungen. VI, 51 Seiten. 1935.   DM 6.—

Heft 6: **Untersuchung über die Knickfestigkeit von gestoßenen Stützen mit plangefrästen Stoßflächen und nur teilweiser Stoßdeckung (Kontaktstöße) bei mittiger und außermittiger Belastung. — Untersuchung über den Einfluß von Schrumpfdruckspannungen in geschweißten Druckgliedern auf die Knickfestigkeit bei mittiger und außermittiger Belastung.** Von Prof. Dr.-Ing. **G. Bierett** und Dr.-Ing. **G. Grüning**, Staatliches Materialprüfungsamt Berlin-Dahlem. Mit 27 Textabbildungen. IV, 22 Seiten. 1936.   DM 2.50

Heft 7: **Über das Verhalten geschweißter Träger bei Dauerbeanspruchung unter besonderer Berücksichtigung der Schweißspannungen.** Von Prof. Dr.-Ing. **G. Bierett**, Staatliches Materialprüfungsamt Berlin-Dahlem. Mit 31 Textabbildungen. IV, 21 Seiten. 1937.   DM 2.50

Heft 8: **Versuche über den Einfluß der Gestalt der Enden von aufgeschweißten Laschen in Zuggliedern und von aufgeschweißten Gurtverstärkungen an Trägern.** Von Professor **Otto Graf**, Stuttgart. Mit 56 Textabbildungen. III, 16 Seiten. 1937.   DM 3.60

Heft 9: **Aus Untersuchungen mit Leichtfahrbahndecken zu Straßenbrücken.** Von Professor **Otto Graf**, Stuttgart. Mit 56 Textabbildungen. III, 25 Seiten. 1938.   DM 4.—

Heft 12: **Versuche mit Nietverbindungen.** Von Professor **Otto Graf**, Stuttgart. Mit 66 Textabbildungen. IV, 45 Seiten. 1941.   DM 5.40

Heft 13: **Einfluß der Nahtform und der Schweißausführung auf die Querverspannung beim Schweißen unter Einspannung. — Vergleichende Dauerbiegeversuche an geschweißten Vollwandträgern mit verschiedenen Gurtprofilen und an genieteten Vollwandträgern.** Berichterstatter: **Georg Bierett**, Berlin, und **Kurt Albers**, Staatliches Materialprüfungsamt Berlin-Dahlem. Mit 34 Textabbildungen. III, 22 Seiten. 1942.   DM 3.60

Heft 14: **Versuche über das Verhalten von geschweißten Trägern unter oftmals wiederholter Belastung.** Von **Otto Graf**, o. Professor an der Technischen Hochschule Stuttgart. Mit 42 Textabbildungen. III, 21 Seiten. 1942.   DM 3.20

Zu beziehen durch jede Buchhandlung

Springer-Verlag / Berlin · Göttingen · Heidelberg

Forschungshefte aus dem Gebiete des Stahlbaues.
Herausgegeben vom **Deutschen Stahlbau-Verband**, Köln a. Rh.
Schriftleitung: Professor Dr.-Ing. **K. Klöppel**, Technische Hochschule Darmstadt.

Heft 7: **Über den Einfluß hochfester Stähle auf Gewichtsersparnis und Bauart im Stahlbrückenbau.** Von Dr.-Ing. Otfried Erdmann, Aschaffenburg. Mit 28 Textabbildungen. IV, 83 Seiten. 1950. DM 10.—

Heft 8: **Kreuzwerke.** Statik der Trägerroste und Platten. Von Dr.-Ing. Hellmut Homberg, Beratender Ingenieur für Brückenbau. Mit 66 Textabbildungen. VIII, 101 Seiten. 1951. DM 15.—

Heft 9: **Berechnung von einfachen und mehrfachen Rautenträgern.** Von Dr.-Ing. Maria Eßlinger, Saarbrücken. Mit etwa 83 Textabbildungen. Etwa 136 Seiten. In Vorbereitung

Die folgenden älteren Hefte sind noch lieferbar:

Heft 3: **Zur Berechnung stählerner Brücken mit gekrümmten, auf konzentrischen Kreisen liegenden Hauptträgern.** Von Professor Dr. J. Wanke, Prag. Mit 6 Textabbildungen. IV, 34 Seiten. 1941. DM 2.25

Heft 4: **Biegeschwingungen eines Stabes mit kleiner Vorkrümmung, exzentrisch angreifender pulsierender Axiallast und statischer Querbelastung.** Von Dr. rer. techn. habil. E. Mettler, Oberhausen-Sterkrade. — **Der n-stielige Stockwerksrahmen ist n-fach unbestimmt.** Von Dipl.-Ing. A. Thoms, Hamburg. Mit 38 Textabbildungen. IV, 61 Seiten. 1941. DM 3.50

Wettbewerb zum
Wiederaufbau der Rheinbrücke Köln-Mülheim
1948/49

Im Auftrage des Fachverbandes Stahlbau, Deutscher Stahlbau-Verband,

bearbeitet von

Karl Schaechterle und **Wilhelm Rein**
Professor Dr.-Ing. E. h., Stuttgart   Professor Dr.-Ing. E. h., Tübingen

Mit 180 Textabbildungen. IV, 108 Seiten. 1950.   DM 18.—

Zu beziehen durch jede Buchhandlung

MIX
Papier aus verantwortungsvollen Quellen
Paper from responsible sources
FSC® C105338

If you have any concerns about our products,
you can contact us on
ProductSafety@springernature.com

In case Publisher is established outside the EU,
the EU authorized representative is:
**Springer Nature Customer Service Center GmbH
Europaplatz 3, 69115 Heidelberg, Germany**

Printed by Libri Plureos GmbH
in Hamburg, Germany